Schnittfelder von Bauleitplanung und raumbezogenen Fachplanungen

Berliner Schriften zur Stadt- und Regionalplanung

Herausgegeben von Stephan Mitschang

Band 31

PL ACADEMIC RESEARCH

Stephan Mitschang (Hrsg.)

Schnittfelder von Bauleitplanung und raumbezogenen Fachplanungen

Fach- und Rechtsfragen in der Planungspraxis

PL ACADEMIC RESEARCH

Bibliografische Information der Deutschen Nationalbibliothek
Die Deutsche Nationalbibliothek verzeichnet diese Publikation in der Deutschen Nationalbibliografie; detaillierte bibliografische Daten sind im Internet über http://dnb.d-nb.de abrufbar.

ISSN 1861-762X
ISBN 978-3-631-72626-6 (Print)
E-ISBN 978-3-631-72627-3 (E-PDF)
E-ISBN 978-3-631-72628-0 (EPUB)
E-ISBN 978-3-631-72629-7 (MOBI)
DOI 10.3726/b11333

PL Academic Research ist ein Imprint der Peter Lang GmbH.

Peter Lang – Frankfurt am Main · Bern · Bruxelles · New York · Oxford · Warszawa · Wien

Diese Publikation wurde begutachtet.

www.peterlang.com

Inhaltsverzeichnis

Vorwort

Fragestellungen aus den Schnittfeldern von Bauleitplanungen und raumbezogenen Fachplanungen stellen sich regelmäßig als besonders schwierig dar, weil es oftmals, wie im Verhältnis von Regionalplanung und Bauleitplanung, um fachliche und rechtliche Wechselwirkungen zwischen unterschiedlichen Ebenen zugehörigen Planungen oder, wie im Verhältnis von Fachplanung und räumlicher Gesamtplanung, um die Koordination unterschiedlicher Bodennutzungsansprüche in ein und demselben Planungsraum geht. Hinzukommt, dass für die Bauleitplanung und räumliche Fachplanungen unterschiedliche Rechtsvorschriften für den gleichen Regelungsgegenstand im Einzelfall zur Anwendung zu bringen sind. Der so kurz umrissene thematische Rahmen, der Schnittfelder von Bauleitplanung, Raumordnung und räumlicher Fachplanung kennzeichnet, bietet sich für eine nähere Betrachtung im Rahmen einer wissenschaftlichen Fachtagung an, die zu einzelnen Problemfeldern einerseits vertiefende Vorträge unter Einbeziehung aktueller Rechtsprechung bereit hält und andererseits Kenntnisse und Erfahrungen aus der Planungspraxis berücksichtigt, um Möglichkeiten und Grenzen bestehender sowie künftiger Konfliktbewältigungen fachlich und rechtlich auszuloten.

Der nunmehr vorliegende Tagungsband stellt die schriftlich ausgearbeiteten Vorträge der am 19. und 20. September 2016 an der Technischen Universität Berlin durchgeführten wissenschaftlichen Fachtagung zusammen. Die Veranstaltung stand unter der Überschrift „Schnittfelder von Bauleitplanung und raumbezogenen Fachplanungen – Fach- und Rechtsfragen in der Planungspraxis“. Der Tagungsband soll all denjenigen, die in diesen „Schnittfeldern“ tätig sind, eine Hilfestellung bei der Bewältigung anstehender planungspraktischer Fach- und Rechtsfragen sein.

Berlin, im Januar 2017

Universitätsprofessor Dr.-Ing. habil. Stephan Mitschang
am Institut für Stadt- und Regionalplanung der TU Berlin
Fachgebiet Städtebau- und Siedlungswesen; – Orts-, Regional- und Landesplanung –
Hardenbergstraße 40a
10 623 Berlin

Christian-W. Otto

Abgrenzung und Aufgabe, Inhalt und Verfahren bei der Bauleitplanung und bei raumbezogenen Fachplanungen

Abstract: Der vorliegende Beitrag berichtet über die Aufgaben und Verfahren raumbedeutsamer Planungen und unterscheidet dabei zwischen der Bauleitplanung und den räumlich relevanten Fachplanungen. Der Autor informiert über das Verhältnis dieser Pläne zueinander und die fachspezifischen Regelungen.

This article reports on tasks and procedures of spatially relevant plans by distinguishing between urban land-use planning and spatially relevant sectoral planning. The author informs about those programs and plans and their relationship to each other as well as their specific regulations.

1 Begriffliches

Der Begriff „raumbezogene Fachplanung" ist gesetzlich nicht definiert. In diesem Zusammenhang wird unter diesem Begriff die Planung verstanden, durch die die Nutzung des Bodens bestimmt wird oder durch die bestimmte Vorgänge oder Eigenschaften in der Umwelt geplant werden, sofern sich diese Planung auf die Nutzung des Raumes auswirkt oder Raumeigenschaft beeinflusst. Beispiele für die Planung der Raumnutzung sind Straßen-, Wasserstraßen-, Schienen-, Leitungs- oder Flugplatzplanungen. In diesem Sinne wird der Begriff etwa vom Bundesverfassungsgericht in seinem Urteil vom 17. Dezember 2013 verwendet. Es stellt die Instrumente des Raumordnungs- und Bauplanungsrechts sowie die sonstigen Instrumente raumbezogener Fachplanung in eine Reihe. Das Bundesverwaltungsgericht verwendet den Begriff im Zusammenhang mit der Fachplanung zur Zulassung von Bau- bzw. Infrastrukturvorhaben.[1] Diesen Fachplanungen, die auf die Zulassung von Bauvorhaben gerichtet ist, ist gemein, dass das Verfahren nach den §§ 72 ff. VwVfG in Verbindung mit den Besonderheiten des Fachrechts

1 Vgl. BVerwG, Beschluss vom 17. Februar 1997 – 4 VR 17/96 – juris; BVerwG, Urteil vom 5. Dezember 1986 – 4 C 13/85 – BVerwGE 75, 214–262.

durchgeführt wird. Diese Planungen, auch wenn sie der Zulassung von Vorhaben dienen, verdienen den Namen „Planung" jedenfalls deshalb, weil der Gesetzgeber von *Plan*feststellungsverfahren spricht. Er insinuiert damit, dass es einen Plan gibt. Ob dieser Plan das Ergebnis einer abwägenden Planung oder einer Ermessensentscheidung ist, hängt davon ab, wie der Begriff der Planung verstanden wird, insbesondere welche Gestaltungsfreiheit der Plangeber besitzt.

In diesem Zusammenhang wird der Begriff der Fachplanung aber nicht beschränkt auf die Planfeststellung im Sinne der §§ 72 ff. VwVfG, sondern auch auf sonstige raumbezogene Planungen erstreckt. Beispiele für die raumeigenschaftsbezogenen Planungen sind Umweltschutzplanungen in Gestalt etwa der Landschaftsplanung gem. §§ 8 ff. BNatSchG, der wasserrechtlichen Bewirtschaftung gem. §§ 27 ff. WHG, der Luftreinhalte- und Aktionsplanung gem. § 47 BImSchG, der Lärmminderungsplanung gem. § 47a BImSchG.

Bauleitplanung ist gem. § 1 Abs. 1 BauGB die Planung, die der Vorbereitung und Leitung der baulichen und sonstigen Nutzung der Grundstücke in der Gemeinde dient und die gem. § 1 Abs. 2 BauGB in dem Wirksamwerden eines Flächennutzungsplans oder in dem Inkrafttreten eines Bebauungsplans mündet. Die Begriffe sind in § 1 BauGB definiert.

Unionsrechtlich werden alle vorstehenden Planungen Politiken der Flächenausweisung[2] oder Flächennutzung, vgl. z. B. Art. 13 Abs. 1 RL 2012/18/EU, oder Pläne und Programme genannt, Art. 15 Abs. 6 RL 2012/18/EU und Art. 2 lit. a) RL 2001/42/EG genannt.

2 Aufgaben

Die vorgenannten Planungen können unterschiedliche Aufgaben erfüllen. Sie können die Errichtung baulicher Anlagen vorbereiten oder auch zulassen. Sie können aber auch darauf gerichtet sein, das Verhalten von Personen oder die Ausführung von Maßnahmen in einem bestimmten Gebiet zu steuern.

2 Dazu EuGH, Urteil vom 15. September 2011 – C-53/10 – juris.

2.1 Bauleitplanung

Bauleitplanung ist Planung der Bodennutzung. Diese belegt die Gesetzgebungskompetenz des Bundes in Art. 74 Abs. 1 Nr. 18 GG für das Bodenrecht[3] und die Regelung in § 1 BauGB. Bauleitplanung hat die Aufgabe, die bauliche oder sonstige Nutzung von Grundstücken im Gemeindegebiet zu regeln. Zu den Planungen der sonstigen Nutzungen gehören etwa die Planungen über die Anlegung von Grünflächen, die Ausführung von Ausgleichsmaßnahmen oder die Nutzung des Bodens für Kleingärten, Kinderspielplätze oder für Land- und Forstwirtschaft.[4]

Verhaltensbezogen kann die Bauleitplanung sein, soweit dies durch den Übergriff in das Fachrecht erforderlich wird. Dies ist bei Maßnahmen zum Ausgleich gem. § 1a Abs. 3 Satz 2 und 4 BauGB und gem. § 1a Abs. 3 Satz 5 BauGB durch die entsprechende Anwendung von § 15 Abs. 3 BNatSchG so vorgesehen. Es werden in dem Bebauungsplan Maßnahmen festgesetzt, die Handlungspflichten begründen können.[5]

Unmittelbar relevant für die Bodennutzung ist der Bebauungsplan, weil er die Bodennutzung verbindlich leitet. Die Festsetzungen des Bebauungsplans sind Inhalts- und Schrankenbestimmungen des Eigentums im Sinne von Art. 14 Abs. 1 Satz 2 GG.[6] Für den Flächennutzungsplan gilt dies nur eingeschränkt. Unmittelbar wirksam sind die Darstellungen des Flächennutzungsplans, die zugleich Bestimmungen im Sinne von § 249 Abs. 2 Satz 3 BauGB sind. Durch diese Bestimmungen wird unmittelbar die zulässige Nutzung eines Grundstücks bewirkt. Diese Darstellungen sind Inhalts- und Schrankenbestimmungen des Eigentums im Sinne von Art. 14 Abs. 1 Satz 2 GG. Ansonsten wirken die Darstellungen des Flächennutzungsplans nur mittelbar über geltungsvermittelnde Regelungen des Baugesetzbuchs, etwa in § 35 BauGB für die Bodennutzung und in § 8 Abs. 2 BauGB für die Bebauungsplanung.

---

3 Vgl. grundlegend BVerfGE 3, 407 ff.; Böhm, NJW 1954 1474 ff.; Werner, DVBl 1954, 481 ff.

4 Vgl. Schrödter/Wahlhäuser, BauGB, Kommentar, 8. Aufl., § 1, Rn. 12 ff.

5 Vgl. Schrödter, in Schrödter, BauGB Kommentar, 8. Aufl., § 1a, Rn. 64.

6 Dazu jüngst BVerwG, Urteil vom 1. September 2016 – 4 C 2/15 – juris.

2.2 Fachplanung

2.2.1 Straßenrecht

Straßen werden mehrstufig geplant, d. h., in einer Abfolge von Plänen. Diese sind der Bedarfsplan (§ 1 FStrAbG), die Linienführung (§ 16 FStrG) und die Planfeststellung (§ 17 FStrG). Der Bedarfsplan begründet die Planrechtfertigung. Sie ist für Behörde und Gerichte bindend.[7] Durch die Planfeststellung bzw. Plangenehmigung wird das Vorhaben unter Beachtung der Linienführung geplant und zugelassen.

2.2.2 Eisenbahnrecht

Eisenbahnen werden zweistufig geplant. Auf der 1. Stufe wird ein Bedarfsplan nach dem Bundesschienenwegeausbaugesetz[8] aufgestellt. Nachfolgend wird mittels Planfeststellung gem. §§ 18 ff. AEG geplant und Bau und Betrieb der Strecke zugelassen. Der Bedarfsplan begründet die Planrechtfertigung, sie ist für Behörde und Gerichte bindend.

2.2.3 Energieleitungen

Energieleitungen werden ganz unterschiedlich geplant: Zweistufig geplant werden Höchstspannungsnetze mit einer Nennspannung von 380 Kilovolt oder mehr, die der Anpassung, Entwicklung und dem Ausbau der Übertragungsnetze zur Einbindung von Elektrizität aus erneuerbaren Energiequellen, zur Interoperabilität der Elektrizitätsnetze innerhalb der Europäischen Union, zum Anschluss neuer Kraftwerke oder zur Vermeidung struktureller Engpässe im Übertragungsnetz dienen und für die daher ein vordringlicher Bedarf besteht. Für diese ist ein Bedarfsplan gem. § 1 Abs. 2 EnLAG aufzustellen. Gemäß § 1 Abs. 2 EnLAG sind damit Zielkonformität und Bedarf im Sinne der Planrechtfertigung für die Planfeststellung und für die Gerichte verbindlich festgestellt. Mit der Bedarfsfeststellung für die jeweils zur Prüfung stehenden Leitungsvorhaben nach dem Energieleitungsausbaugesetz

---

7 Vgl. BVerwG, Urteile vom 18. Juni 1997 – 4 C 3.95 – Buchholz 407.4 § 17 FStrG Nr. 131; und vom 19. März 2003 – 9 A 33.02 – Buchholz 407.4 § 17 FStrG Nr. 173.

8 § 1 Abs. 1 BSWAG i. d. F. der Bekanntmachung vom 31. Oktober 2006, BGBl I S. 2407.

übt der Gesetzgeber seinen weiten Gestaltungs- und Prognosespielraum aus.[9] Die fachgerichtliche Prüfung ist insoweit auf eine Evidenzkontrolle beschränkt.[10]

Länderübergreifende und grenzüberschreitende Höchstspannungsleitungen im Sinne des § 12e Abs. 2 Satz 1 EnWG werden nach dem NABEG geplant und zugelassen. Planungsinstrumente des NABEG sind die Bundesfachplanung und die Planfeststellung. Diesen Planungen liegt gem. § 4 Abs. 1 NABEG der Bundesbedarfsplan zugrunde. Der Entwurf des Bundesbedarfsplans wird gem. § 12e EnWG in Gestalt des Netzentwicklungsplans[11] unter Durchführung einer strategischen Umweltprüfung[12] erstellt. Der Bundesbedarfsplan wird sodann als Bundesbedarfsplangesetz (BBPlG) erlassen.[13] Für die in diesem Gesetz genannten Höchstspannungsleitungen werden nach § 6 Satz 1 NABEG auf Antrag des Vorhabenträgers (Netzbetreiber) mittels der Bundesfachplanung Trassenkorridore im Sinne von § 3 Abs. 1 NABEG bestimmt. Gem. §§ 18 ff. NABEG werden die für die Errichtung und den Betrieb der Höchstspannungsleitungen in diesen Trassenkorridoren erforderlichen Pläne festgestellt. Die Errichtung und der Betrieb sowie die Änderung von

1. Hochspannungsfreileitungen, ausgenommen Bahnstromfernleitungen, mit einer Nennspannung von 110 Kilovolt oder mehr,
2. (2. Gasversorgungsleitungen mit einem Durchmesser von mehr als 300 Millimeter,)
3. Hochspannungsleitungen, die zur Netzanbindung von Windenergieanlagen auf See im Sinne des § 5 Nr. 36 des Erneuerbare-Energien-Gesetzes im

9 Dazu BVerwG, Urteil vom 18. Juli 2013 – 7 A 4.12 – BVerwGE 147, 184, Rn. 35; BVerwG, Beschluss vom 26. September 2013 – 4 VR 1.13 – juris, Rn. 10 und Urteil vom 17. Dezember 2013 – 4 A 1.13 – BVerwGE 148, 353 Rn. 45.

10 Vgl. BVerfG, Kammerbeschluss vom 8. Juni 1998 – 1 BvR 650/97 –; – 1 BvR 830/98 – NVwZ 1998, 1060; BVerwG, Urteil vom 21. Januar 2016 – 4 A 5/14 – juris, Rn. 52.

11 Vgl. Netzentwicklungsplan 2013, der Netzentwicklungsplan 2014 liegt als Entwurf vor, vgl. http://www.netzentwicklungsplan.de/netzentwicklungsplan-2014-erster-entwurf.

12 Vgl. § 12c Abs. 2 EnWG.

13 Vgl. Bundesbedarfsplangesetz vom 23. Juli 2013 (BGBl. I S. 2543; 2014 I S. 148).

Küstenmeer als Seekabel und landeinwärts als Freileitung oder Erdkabel bis zu dem technisch und wirtschaftlich günstigsten Verknüpfungspunkt des nächsten Übertragungs- oder Verteilernetzes verlegt werden sollen und

4. grenzüberschreitende Gleichstrom-Hochspannungsleitungen, die nicht unter Nummer 3 fallen und die im Küstenmeer als Seekabel verlegt werden sollen, sowie deren Fortführung landeinwärts als Freileitung oder Erdkabel bis zu dem technisch und wirtschaftlich günstigsten Verknüpfungspunkt des nächsten Übertragungs- oder Verteilernetzes,
5. Hochspannungsleitungen nach § 2 Absatz 5 und 6 des Bundesbedarfsplangesetzes,

bedürfen nach § 43 EnWG der Planfeststellung.

2.2.4 *Luftverkehr*

Flugplätze werden in einem einstufigen Verfahren zugelassen. Flugplätze (Flughäfen, Landeplätze und Segelfluggelände) dürfen nur nach § 6 LuftVG mit Genehmigung angelegt oder betrieben werden. Gem. § 8 dürfen Flughäfen sowie Landeplätze mit beschränktem Bauschutzbereich nach § 17 LuftVG nur angelegt, bestehende nur geändert werden, wenn der Plan nach § 10 LuftVG vorher festgestellt ist. Durch die Planfeststellung bzw. Plangenehmigung wird das Vorhaben geplant und zugelassen.

2.2.5 *Wasserstraßen*

Der Ausbau der Bundeswasserstraßen ist eine durch Gesetz dem Bund zugewiesene Aufgabe, § 12 Abs. 1 WaStrG. Wasserstraßen werden einstufig geplant. Einen Bedarfsplan gibt es nicht. Vorgaben für die Planung werden von § 1 Abs. 1 des Binnenschifffahrtsaufgabengesetzes gemacht, nämlich den Binnenschiffverkehr als im allgemeinen deutschen Interesse liegend zu fördern und Gefahren für die Sicherheit und Leichtigkeit des Verkehrs abzuwehren.[14] Eine Wasserstraßenplanung ist gerechtfertigt, wenn für das beabsichtigte Vorhaben nach Maßgabe der vom Bundeswasserstraßengesetz verfolgten Ziele einschließlich sonstiger gesetzlicher Entscheidungen ein Bedürfnis besteht.

---

14 Vgl. BVerwG, Gerichtsbescheid vom 29. Januar 2009 – 7 A 1/08 – juris, Rn. 13.

Das ist nicht erst bei der Unausweichlichkeit des Vorhabens der Fall, sondern bereits dann, wenn es vernünftigerweise geboten ist.[15]

2.3 Raumeigenschaftsbezogene Planungen

2.3.1 Landschaftsplanung gem. §§ 8 ff. BNatSchG

Nach § 9 Abs. 1 BNatSchG hat die Landschaftsplanung die Aufgabe, die Ziele des Naturschutzes und der Landschaftspflege für den jeweiligen Planungsraum zu konkretisieren und die Erfordernisse und Maßnahmen zur Verwirklichung dieser Ziele auch für die Planungen und Verwaltungsverfahren aufzuzeigen, deren Entscheidungen sich auf Natur und Landschaft im Planungsraum auswirken können. Landschaftspläne können auftreten in Gestalt von Landschaftsprogrammen, Landschaftsrahmenplänen, Landschaftsplänen sowie Grünordnungsplänen.

2.3.2 Bewirtschaftungsplan nach Artikel 13 der Richtlinie 2000/60/EG / §§ 82 ff. WHG

Der Bewirtschaftungsplan ist zusammen mit dem Maßnahmenprogramm das entscheidende Instrument, um die Ziele der EG-Wasserrahmenrichtlinie (WRRL) zu erreichen. Die WRRL verfolgt einen integrativen Ansatz, um die ökologische Funktionsfähigkeit der Gewässer zu erhalten und zu verbessern. Hauptziel ist, dass Flüsse, Seen, Küstengewässer und Grundwasser nach Möglichkeit bis zum Jahr 2015 – spätestens bis zum Jahr 2027 – den guten Zustand erreichen bzw. in ein gutes ökologisches Potenzial zu versetzen. Ein bereits erreichter guter Zustand ist zu erhalten. Dies gilt für das Grundwasser ebenso wie für die Oberflächengewässer. Oberflächengewässer im Sinne der WRRL sind Flüsse, Seen, Übergangs- und Küstengewässer. Die Gewässer sollen durch ihre nachhaltige Bewirtschaftung geschützt werden. Bewirtschaftungspläne und Maßnahmenprogramme erfassen auch das Grundwasser, vgl. Art. 13 in Verbindung mit Anhang VII WRRL.

---

15 Vgl. BVerwG, Urteil vom 8. Juli 1998 – 11 A 53.97 – BVerwGE 107, 142 <145> = Buchholz 442.40, § 10 LuftVG Nr. 8

2.3.3 Luftreinhalte- und Aktionsplanung gem. § 47 BImSchG

Die Luftreinhalteplanung nach § 47 BImSchG ist auf die Herstellung und Beibehaltung einer guten Luftqualität ausgerichtet,[16] vgl. Richtlinie 2008/50/EG des Europäischen Parlaments und des Rates vom 21. Mai 2008 über Luftqualität und saubere Luft für Europa.[17] Diese Richtlinie ist ein wichtiger Bestandteil der thematischen Strategie zur Luftreinhaltung der EU-Kommission.[18] Die Mitgliedstaaten der Europäischen Union haben gem. Art. 23 RL 2008/50/EG Luftqualitätspläne aufzustellen, wenn in bestimmten Gebieten oder Ballungsräumen (Art. 4 RL 2008/50/EG) ein Grenzwert oder ein Zielwert zuzüglich einer Toleranzmarge überschritten wird. Ggf. müssen sie nach Art. 24 RL 2008/50/EG „Pläne mit kurzfristigen Maßnahmen" aufstellen. Auf nationaler Ebene haben die §§ 44 bis 47 BImSchG in Verbindung mit der 39. Verordnung zur Durchführung des Bundesimmissionsschutzgesetzes[19] die Luftqualität und damit auch die Verunreinigung in der Luft zum Gegenstand. Die Luftreinhaltepläne können wiederum Grundlage für weitere Maßnahmen sein, die die Behörden kurzfristig ergreifen müssen, um zu verhindern, dass festgelegte Immissionsgrenzwerte oder Alarmschwellen überschritten werden.

---

16 Eingehend Sparwasser, in: Mitschang (Hrsg.), Gerüche, Feinstaub und Gefahrstoffe in der Bauleitplanung und bei der Zulassung von Bauvorhaben, 2011, S. 57 ff.

17 ABl. L151 vom 11. Juni 2008, S. 1; s. dazu und zur Novellierung des Immissionsschutzrechtes, Jarass, NVwZ 2003, 257 ff.; In der Richtlinie 2008/50/EG wurden die Rahmenrichtlinie Luftqualität (96/62/EG) („Mutter") zusammen mit der ersten (1999/30/EG), zweiten (2000/69/EG) und dritten Tochterrichtlinie (2002/3/EG) sowie die Entscheidung des Rates über den „Austausch von Informationen von Luftqualitätsmessungen" (97/101/EG) zusammengefasst.

18 Vgl. Mitteilung der Kommission an den Rat und das Europäische Parlament vom 21. September 2005 „Thematische Strategie zur Luftreinhaltung" [KOM(2005) 446 - nicht im Amtsblatt veröffentlicht].

19 39. BImSchV – BGBl. I, S. 1065. Durch die 39. BImSchV sind die Verordnung über Immissionswerte für Schadstoffe in der Luft (22. BImSchV) und die Verordnung zur Verminderung von Sommersmog, Versauerung und Nährstoffeinträgen (33. BImSchV) ersetzt und aufgehoben worden.

2.3.4 *Lärmminderungsplanung gem. § 47a BImSchG*

Lärm ist unerwünschter Schall[20] und potentiell gesundheitsschädlich.[21] Die Lärmminderung ist deshalb ständige Aufgabe der Umweltpolitik.[22] Gemeinschaftsrechtlich ist diese Problematik u. a. in der Umgebungslärm-RL[23] aufgegriffen. Die Vorgaben dieser Richtlinie sind durch §§ 47a ff. BImSchG und ergänzend durch die 34. BImSchV in nationales Recht überführt worden. Danach sind Lärmminderungspläne und ggf. Lärmaktionspläne aufzustellen.

2.3.5 *Abfallwirtschaftsplanung gem. § 29 KrWG*

Abfallbeseitigungsanlagen werden in Abfallwirtschaftspläne gem. § 30 KrWG geplant.[24] Die Abfallwirtschaftspläne enthalten die Ziele der Abfallvermeidung und -verwertung sowie die zur Sicherung der Inlandsbeseitigung erforderlichen Abfallbeseitigungsanlagen. In den Abfallwirtschaftsplänen sind die zugelassenen Abfallbeseitigungsanlagen und die geeigneten Flächen für Abfallbeseitigungsanlagen zur Endablagerung von Abfällen (Deponien) sowie für sonstige Abfallbeseitigungsanlagen ausgewiesen.

3 Verhältnis der Planungen zueinander

Die Pläne sind inhaltlich nach ihren dem Planungsträger gesetzlich zugewiesenen Aufgaben gegeneinander abgrenzbar. Schwierigkeiten bereitet das Verhältnis der Bauleitplanung zu der Fachplanung. Das Verhältnis dieser Pläne zueinander ist unterschiedlich geregelt.

---

20 Penn-Bressel, Die Bedeutung des planerischen Lärmschutzes für ein gesundes Wohnen und Arbeiten, in: Spannowsky/Mitschang (Hrsg.), Lärmschutz in der Bauleitplanung und bei der Zulassung von Vorhaben, 2003, S. 12.

21 Vgl. Kloepfer, Leben mit Lärm? Schriftenreihe des Europäischen Akademie zur Erforschung von Folgen wissenschaftlich-technischer Entwicklungen, Wissenschaftsethik und Technikfolgenbeurteilung, Band 28, 2006, S. 165 ff.

22 Vgl. Mitschang, Lärmschutzprobleme und ihre Auswirkungen auf die Stadtentwicklung, in: ders. (Hrsg.), Aktuelle Fach- und Rechtsfragen des Lärmschutzes, 2011, S. 16 f.

23 Richtlinie 2002/49/EG des Europäischen Parlaments und des Rates über die Bewertung und Bekämpfung von Umgebungslärm vom 18. 7. 2002, L 182, 12 ff.

24 Vgl. Porger, Abfallbeseitigungsanlagen und städtebauliche Planung, in: Spannowsky/Mitschang (Hrsg.), Planung heute und morgen, 2000, S. 111, 122 ff.

Der Flächennutzungsplan verpflichtet nach Maßgabe von § 7 BauGB öffentliche Planungsträger, zur Anpassung ihrer Pläne, sofern diese eine Bodennutzung zulassen.[25] Diese Anpassungspflicht besteht nur, wenn der jeweilige Planungsträger im Aufstellungsverfahren, an dem er beteiligt wurde, oder bei einer erheblichen nachträglichen Änderung der Sachlage nachträglich dem Flächennutzungsplan nicht widersprochen hat. Der nachträgliche Widerspruch setzt einen gescheiterten Einigungsversuch voraus.

Nach § 38 BauGB sind Vorhaben, die durch Planfeststellungsverfahren oder Plangenehmigungen zugelassen werden sowie nach BImSchG zugelassene Abfallbeseitigungsanlagen von den Bindungen der §§ 29 ff. BauGB freigestellt. Nach der Neufassung des § 38 BauGB durch das Bau- und Raumordnungsgesetz vom 18. August 1997 (BGBl S. 2081) gilt dies jedoch nur dann, wenn das planfestgestellte Vorhaben überörtlichen Bedeutung besitzt.[26] Eine solche Bedeutung ist etwa bei Vorhaben nach dem Allgemeinen Eisenbahngesetz[27] oder dem Bundesfernstraßengesetz regelmäßig anzunehmen. In diesen Planungen sind die Belange der Gemeinde, die in den Festsetzungen des Bebauungsplans zum Ausdruck kommen, aber in der jeweiligen Fachplanung abzuwägen. Die Gemeinde ist deshalb an der Planung zu beteiligen und im Verfahren anzuhören.[28] Bei dem Bau von Straßenbahnen, die ausschließlich oder überwiegend der Beförderung von Personen im Orts- oder Nachbarschaftsbereich dienen, vgl. § 4 Abs. 1 PBefG; § 8 Abs. 1 PBefG, § 2 Abs. 5 AEG, fehlt regelmäßig eine überörtliche Beziehung. Dienen Straßenbahnen lediglich der Beförderung von Personen im Ortsverkehr und wird nur das Gebiet einer Gemeinde berührt, ist diese Planung nicht gem. § 38 BauGB von der Bindung an die Festsetzungen des Bebauungsplans freigestellt.

Die umweltschützenden Pläne nach §§ 47 ff. BImSchG sind in der Bauleitplanung Abwägungsbelange. Die Inhalte der Landschaftsplanungen sind in der Bauleitplanung gem. § 9 Abs. 5 Satz 1 und § 11 Abs. 3 BNatSchG zu berücksichtigen. Nach § 2 Abs. 4 Satz 6 BauGB sind die Landschaftspläne und sonstigen Pläne nach § 1 Abs. 6 Nr. 7 lit. g BauGB in der Umweltprüfung

---

25 Eingehend Mitschang, ZfBR 2017, 28 ff.

26 Vgl. BVerwG, Beschl. v. 31.07.2000 – 11 VR 5.00 – UPR 2001, 33.

27 Vgl. BVerwG, Beschl. v. 31.10.2000 – 11 VR 12.00 – Buchholz 442.09, § 18 AEG Nr. 51.

28 Vgl. Rieger, in Schrödter, a. a. O., (Fn. 5), § 38, Rn. 15 ff., m. w. N.

heranzuziehen. Sie sind folglich sowohl nach § 1 Abs. 6 Nr. 7 lit. g BauGB wie auch nach § 2 Abs. 4 Satz 4 BauGB in der Abwägung zu berücksichtigen.

In den Abfallwirtschaftsplänen sind die zugelassenen Abfallbeseitigungsanlagen und die geeigneten Flächen für Abfallbeseitigungsanlagen zur Endablagerung von Abfällen (Deponien) sowie für sonstige Abfallbeseitigungsanlagen ausgewiesen. Eine Fläche kann dann als geeignet angesehen werden, wenn ihre Lage, Größe und Beschaffenheit im Hinblick auf die vorgesehene Nutzung in Übereinstimmung mit den abfallwirtschaftlichen Zielsetzungen im Plangebiet steht und Belange des Wohles der Allgemeinheit, zu denen auch die Belange des Städtebaus und damit auch die Bauleitplanung gehören,[29] nicht offensichtlich entgegenstehen. Die Beteiligung der Gemeinde an dieser Planung, verstanden als Anspruch auf eine materielle Abwägung der Bauleitplanung, ist nicht nur einfachgesetzlich in § 29 Abs. 7 KrW-/AbfG, sondern auch verfassungsrechtlich erforderlich.[30] Denn die Abfallwirtschaftspläne binden die Gemeinden unmittelbar. Die für Abfallbeseitigungsanlagen zur Endablagerung von Abfällen (Deponien) sowie für sonstige Abfallbeseitigungsanlagen festgesetzten Flächen sind der Planungshoheit der Gemeinden in der Weise entzogen, dass die Gemeinde keine Planungen auf den Weg bringen darf, die im Widerspruch zu den abfallrechtlichen Festlegungen stehen.[31]

Die in wasserrechtlichen Bewirtschaftungsplänen festgesetzten Maßnahmen sind für die Bauleitplanung bindend. Der Gesetzgeber hat das Verhältnis dieses Plans zu den Festsetzungen eines Bebauungsplans nicht geregelt, aber in § 84 Abs. 2 WHG bestimmt, dass die im Maßnahmenprogramm aufgeführten Maßnahmen bis zum 22. Dezember 2012 durchzuführen sind. Die gesetzliche Durchführungspflicht bedeutet für die planende Gemeinde, dass sie in der Bauleitplanung darauf zu achten hat, dass die im Maßnahmenprogramm aufgeführten Maßnahmen tatsächlich durchgeführt werden können.

29 Vgl. dazu Porger, a. a. O., (Fn. 24), m. w. N.
30 Vgl. Art. 28 Abs. 2 GG.
31 S. a. VGH Kassel, NVwZ 1998, 1197.

Martin Beckmann*

Die Ersetzung der Planfeststellung für Verkehrsanlagen durch Bebauungsplan

Abstract: Dieser Beitrag befasst sich mit dem planfeststellungsersetzenden Bebauungsplan bei der Planung von Verkehrsanlagen. Dabei geht der Autor auf das gemeindliche Wahlrecht zwischen Planfeststellung und Bebauungsplanung ein und erläutert die Festsetzungsmöglichkeiten, die Rechtswirkungen des planfeststellungsersetzenden Bebauungsplanes sowie seine verfahrensspezifischen und materiellen Rechtsmäßigkeitsanforderungen. Abschließend werden das Verhältnis zur Fachplanung und die Rechtschutzmöglichkeiten im Rahmen der Normenkontrolle behandelt.

This article deals with the planning approval replacing building and construction plan (planfeststellungsersetzender Bebauungsplan) in the field of local transport facilities. Specifically, the author addresses the municipal right to choose between the planning approval and the binding land-use planning.

Einführung

Grundsätzlich ist die Planung von Verkehrsanlagen Gegenstand der Fachplanung. Regelmäßig bedarf es für die Planung und Zulassung von Verkehrsanlagen einer Planfeststellung durch die dafür zuständige Planfeststellungsbehörde. Allerdings können auch Gemeinden mit Hilfe eines die Planfeststellung ersetzenden Bebauungsplans Fachplanung für Verkehrsanlagen betreiben. Davon zu unterscheiden ist eine kommunale Verkehrsplanung, die gestützt auf die Planungshoheit der Gemeinde städtebauliche Ziele einer gemeindlichen Verkehrspolitik verfolgt. Auf der Grundlage spezieller gesetzlicher Ermächtigungen in verschiedenen Fachplanungsgesetzen können Bundesfernstraßen (§ 17 S. 1 FStrG), Land- und Kreisstraßen[1] sowie

* Der Aufsatz beruht auf einem Vortrag, den der Verfasser auf einer wissenschaftlichen Fachtagung des Fachgebiets Städtebau und Siedlungswesen der Technischen Universität Berlin zum Thema „Schnittfelder der Bauleitplanung und raumbezogenen Fachplanungen – Fach- und Rechtsfragen in der Planungspraxis am 19.09.2016 gehalten hat.

1 Zu den landesrechtlichen Ermächtigungsgrundlagen siehe Sauthoff, in: Ziekow, Handbuch des Fachplanungsrechts, § 11, Rn. 90.

Straßen- und U-Bahn-Linien (§ 28 Abs. 3 PBefG), nicht jedoch Bergbahnen und Eisenbahnen, die nicht dem Personenbeförderungsgesetz unterfallen, statt durch einen Planfeststellungsbeschluss oder eine Plangenehmigung durch einen Bebauungsplan geplant werden. In solchen Fällen ist bei Inkrafttreten eines Bebauungsplans für die Verkehrsanlage eine Planfeststellung entbehrlich.[2]

Die Ersetzung des Planfeststellungsbeschlusses durch einen Bebauungsplan führt nicht dazu, dass die Verkehrsplanung zu einer eigenen Angelegenheit der Gemeinde wird; vielmehr wird das Instrument eines Bebauungsplans für eine Fachplanung genutzt.[3] Von einem eine Planfeststellung ersetzenden Bebauungsplan zu unterscheiden ist eine Planung von Straßen und anderen Verkehrsinfrastruktureinrichtungen aufgrund einer eigenen Planungskompetenz der Gemeinde, die ihr z. B. bei der Planung von Gemeindestraßen zusteht.[4] Auf der Grundlage des ihnen verfassungsrechtlich garantierten Selbstverwaltungsrechts sind Gemeinden gemäß § 1 Abs. 2 S. 1 BauGB auch befugt, mit Hilfe von Festsetzungen in Bebauungsplänen eine gemeindliche „Verkehrspolitik" zu betreiben.[5]

§ 9 Abs. 1 Nr. 11 BauGB räumt den Gemeinden dazu verschiedene Festsetzungsmöglichkeiten ein. Sie können Verkehrsflächen, insbesondere Straßen, Wege und Plätze, aber auch Flächen für den Schienen- und Luftverkehr festsetzen. Außerdem können sie Verkehrsflächen mit einer besonderen Zweckbestimmung, wie etwa Fußgängerbereiche, Flächen für das Parken von Fahrzeugen, Flächen für das Abstellen von Fahrrädern sowie den Anschluss anderer Flächen an die Verkehrsflächen festsetzen. Sie können dazu z. B. auch Bauabschnitte einer Bundesstraße innerhalb des Gemeindegebiets planen.

Einem Bebauungsplan, der eine straßenrechtliche Planfeststellung ersetzt, fehlt allerdings die Planrechtfertigung im Sinne des § 1 Abs. 3 BauGB, wenn die gemeindliche Verkehrsplanung überhaupt keinen örtlichen Bezug aufweist, weil sie dann nicht der städtebaulichen Entwicklung und Ordnung

---

2 Vgl. BVerwG, Urt. v. 03.06.1971 – IV C 64.70 – BVerwGE 38, 152, 158.

3 Vgl. Sauthoff, a. a. O., (Fn. 1), § 11 Rn. 91.

4 Vgl. Hoppe/Schlarmann/Buchner/Deutsch, Rechtsschutz bei der Planung von Verkehrsanlagen und anderen Infrastrukturvorhaben, § 6, Rn. 337.

5 Vgl. BVerwG, B. v. 22.04.1997 – 4 BN 1/97 – NVwZ-RR 1998, 217; VGH München, Urt. v. 17.03.2015 – 15 N 13.972 – juris, Rn. 24; VGH Kassel, Urt. v. 01.07.2010 – 4 C 2302/09.N – juris, Rn. 39.

im Sinne des § 1 Abs. 3 BauGB dient.[6] Der Einsatz des Instruments eines die Planfeststellung ersetzenden Bebauungsplans wird aber nicht schon dadurch ausgeschlossen, dass ein Vorhaben (zugleich auch) überörtliche Bedeutung hat. Überörtliche Verkehrsbedeutung und örtliche Bedeutung im städtebaulichen Sinne schließen sich insoweit nicht wechselseitig aus. Entscheidend ist allein, ob die Planung jedenfalls auch städtebaulichen Zielen dient.[7] Die Gemeinden können hierzu mit Hilfe eines Bebauungsplans bestimmte Flächen von einer baulichen Nutzung für künftige verkehrliche Zwecke freihalten, um einer späteren Fachplanung Raum zu verschaffen.[8] Allerdings fehlt es an der Erforderlichkeit einer Freihalteplanung, wenn sich die Planung aus tatsächlichen oder rechtlichen Gründen auf Dauer oder jedenfalls auf unabsehbare Zeit als nicht vollzugsfähig erweist. Das soll nach der Rechtsprechung dann anzunehmen sein, wenn die Verwirklichung des Vorhabens innerhalb eines Zeitraums von etwa 10 Jahren nach Inkrafttreten des Plans ausgeschlossen erscheint.

Gemeindliches Wahlrecht

Nach den Fachplanungsvorschriften, die es ermöglichen, einen Planfeststellungsbeschluss durch einen Bebauungsplan zu ersetzen, besteht ein behördliches Wahlrecht zwischen der Planfeststellung und der Bebauungsplanung. Der Planfeststellungsbeschluss kann durch einen Bebauungsplan selbst dann ersetzt werden, wenn sich der Bebauungsplan im Sinne einer isolierten Straßenplanung durch Bebauungsplan darauf beschränkt, die für die Verkehrsanlage notwendigen Festsetzungen zu treffen.[9] Entscheidet sich die Gemeinde für eine bauplanungsrechtliche Straßenplanung, muss diese den Erfordernissen des BauGB genügen.

Eine isolierte Straßenplanung kann wegen des Vorhabenbegriffs im Sinne des § 29 BauGB nicht auf der Grundlage eines vorhabenbezogenen

6 Vgl. BVerwG, Urt. v. 28.01.1999 – 4 CN 5.98 – BVerwGE 108, 248, 249.

7 Vgl. VGH Kassel, a. a. O., (Fn. 5), juris, Rn. 39.; OVG Lüneburg, Urt. v. 24.11.2009 – 1 KN 141/07 – DVBl 2010,448.

8 Vgl. BVerwG, B. v. 26.01.2010 – 4 B43/09 – juris, Rn. 6; VGH München, a. a. O., (Fn. 5), juris, Rn. 24.

9 Vgl. BVerwG, Urt. v. 19.09.2002 – 4 CN 1.02 – DVBl. 2003, 204.

Bebauungsplans erfolgen.[10] Wird mit dem vorhabenbezogenen Bebauungsplan für ein anderes Vorhaben gleichzeitig eine außerhalb des Bereichs des Vorhaben- und Erschließungsplans verlaufende Straße geplant, deren Funktion über die bloße Erschließung des Vorhabens quantitativ und qualitativ deutlich hinausgeht, handelt es sich nicht mehr um eine zulässige Einbeziehung einzelner Flächen im Sinne von § 12 Abs. 4 BauGB.[11]

Folgen der Wahl des planfeststellungsersetzenden Bebauungsplans

Entscheidet sich die Gemeinde für die Aufstellung eines Bebauungsplans und ersetzt damit den ansonsten erforderlichen Planfeststellungsbeschluss, dann richten sich die rechtlichen Anforderungen an die Planaufstellung und die Rechtswirkungen des Bebauungsplans grundsätzlich nach dem Bauplanungsrecht, wenngleich es sich inhaltlich um eine spezifische Form der Fachplanung handelt.

Festsetzungsmöglichkeiten

Entscheidet sich die Gemeinde für die Aufstellung eines planfeststellungsersetzenden Bebauungsplans, dann stehen ihr nur die Festsetzungsmöglichkeiten des abschließenden Katalogs des § 9 Abs. 1 BauGB zur Verfügung. Sie kann darüber nicht hinausgehen.[12] § 9 Abs. 1 BauGB ermöglicht insbesondere keine verkehrsrechtlichen Regelungen. Festgesetzt werden können

- nach § 9 Abs. 1 Nr. 11 BauGB Verkehrsflächen,
- nach § 9 Abs. 1 Nr. 20 BauGB Flächen oder Maßnahmen zum Schutz, zur Pflege und zur Entwicklung von Boden, Natur und Landschaft,
- Schutzflächen und Schutzvorkehrungen gemäß § 9 Abs. 1 Nr. 24 BauGB
- sowie Flächen für Aufschüttungen, Abgrabungen und Stützmauern, soweit sie zur Erstellung des Straßenkörpers erforderlich sind (§ 9 Abs. 1 Nr. 26 BauGB).

---

10 Vgl. VGH München, Urt. v. 27.09.2005 – 8 N 03.2750 – juris, Rn. 22 f.

11 Vgl. OVG NRW, Urt. v. 04.05.2012 – 2 D11/11.NE – juris, Rn. 53, 57.

12 Vgl. OVG Bautzen, Urt. v. 03.05.2004 – 1 D40/01 – KommJur 2004, 475.

Als zulässige Festsetzungen für einen planfeststellungsersetzenden Bebauungsplan kommen auch Maßnahmen des aktiven Schallschutzes (z. B. Doppelfenster, Schallschutzfenster) in Betracht. Regelungen über die Kostentragung für die Vorkehrungen können allerdings nicht im Bebauungsplan festgesetzt werden.[13] Bei der Planung von Verkehrsanlagen kann außerdem die Festsetzung einer bestimmten Höhenlage im Sinne von § 9 Abs. 3 S. 1 BauGB erforderlich werden. Die Festsetzung der Höhenlage einer Straße soll aber nur dann zulässig sein, wenn die Straße anbaufähig ist, nicht aber wenn es sich um eine anbaufreie Hoch- oder Tiefstraße handelt.[14]

Angesichts des abschließenden Katalogs der Festsetzungsmöglichkeiten können bestimmte Einzelheiten im Bebauungsplan nicht so konkret wie in einem Planfeststellungsverfahren festgelegt werden. Das kann betriebsbezogene Details zum Beispiel bei Straßenbahnen oder aber auch spezielle Regelungen über die mit Kreuzungen zusammenhängenden Rechtsfragen betreffen.[15] Reichen die Festsetzungsmöglichkeiten des § 9 Abs. 1 BauGB nicht aus, bedarf es eines ergänzenden Planfeststellungsverfahrens (§ 17 b Abs. 2 S. 2 FStrG). Das gilt z. B. wenn Entschädigungsregelungen dem Grunde nach festgesetzt werden müssen, was jedoch im Bebauungsplan selbst nicht möglich ist.[16]

Regelmäßig wird sich die Gemeinde, die sich für die Aufstellung eines Bebauungsplans für eine Verkehrsanlage entschließt, der eine Planfeststellung ersetzen soll, darauf beschränken, die für die Verkehrsanlage notwendigen Grundstücksflächen nach § 9 Abs. 1 Nr. 11 BauGB einschließlich der erforderlichen Schutzflächen nach § 9 Abs. 1 Nr. 24 BauGB (Lärmschutzwall) auszuweisen. Eine isolierte Straßenplanung, die mit Hilfe eines Bebauungsplans lediglich Verkehrsflächen festsetzt, hat die Qualität eines einfachen

---

13 Vgl. Hoppe/Schlarmann/Buchner/Deutsch, a. a. O., (Fn. 4), Rn. 340; BVerwG, Beschl. v. 07.09.1988 – 4 N 1.7 80 – BVerwGE 80, 184, 186.

14 Vgl. Ronellenfitsch, in: Marschall, Kommentar zum Fernstraßengesetz, § 17 b, Rn. 67.

15 Vgl. Kuschnerus, Der sachgerechte Bebauungsplan, Rn. 96; BVerwG, Urt. v. 11.03.1998 – 4 BN 6.98 – Baurecht 1998,515.

16 Vgl. Schiller, in: Bracher/Reidt/Schiller, Bauplanungsrecht, Rn. 106; BVerwG, a. a. O., (Fn. 15), BauR 1998, 515.

Bebauungsplans im Sinne von § 30 Abs. 3 BauGB, da ihm Festsetzungen über Art und Maß der baulichen Nutzung fehlen.[17]

Rechtswirkungen des Bebauungsplans

Anders als dem Planfeststellungsbeschluss kommt dem die Planfeststellung ersetzenden Bebauungsplan keine Gestaltungs- und Konzentrationswirkung zu.[18] Bedarf es für die Verkehrsanlage noch weiterer Genehmigungen nach anderen Gesetzen, müssen diese gesondert eingeholt werden. Das gilt z. B. für wasserrechtliche Erlaubnisse zur Einleitung in Oberflächengewässer oder für naturschutzrechtliche Genehmigungen. Einer Baugenehmigung bedarf es allerdings zumeist nicht, da öffentliche Verkehrsanlagen regelmäßig vom Anwendungsbereich der Landesbauordnungen ausgenommen sind.[19] Insoweit hat der eine Planfeststellung ersetzende Bebauungsplan zwar keine gestattende Wirkung;[20] er ermöglicht aber eine Realisierung der Verkehrsanlage ohne Baugenehmigung.

Der planfeststellungsersetzende Bebauungsplan hat auch keine enteignungsrechtliche Vorwirkung.[21] Eine Aussage zur Zulässigkeit einer Enteignung ergibt sich aus dem Bebauungsplan dementsprechend nicht. Der Eigentümer, dessen Eigentum für die Realisierung des Bebauungsplans enteignet werden soll, kann deshalb im Enteignungsverfahren nach den §§ 85 ff. BauGB unter anderem auch einwenden, dass die Inanspruchnahme seines Grundstücks nicht zum Wohl der Allgemeinheit erforderlich ist. Über die Allgemeinwohldienlichkeit der Verkehrsanlage wird somit nicht im Rahmen des Bebauungsplanverfahrens verbindlich entschieden.

Der Planfeststellungsbeschluss kann als Verwaltungsakt bestandskräftig werden. Der Bebauungsplan wird als Satzung hingegen nicht bestandskräftig. Der Bebauungsplan ersetzt keine Veränderungssperre nach den

---

17 Vgl. VGH Kassel, B. v. 05.07. 1989 – 4 N 1064/88 – NVwZ-RR 1990, 297; Sauthoff, a. a. O., (Fn. 1), § 11, Rn. 92.

18 Vgl. Hoppe/Schlarmann/Buchner/Deutsch, a. a. O., (Fn. 4), Rn. 349.

19 Ebenda.

20 So aber Sauthoff, a. a. O., (Fn. 1), § 11, Rn. 102.

21 Vgl. BVerwG, Urt. v. 20.12.2012 – 4 C 6/11 – juris, Rn. 14; Urt. v. 27.08.2009 – 4 CN 5.08 – BVerwGE 134, 355, Rn. 24 m. w. N.

Fachplanungsgesetzen (siehe z. B. § 9 a FStrG). Zur Sicherung des Verkehrsvorhabens bedarf es deshalb einer Veränderungssperre nach den §§ 14 ff. BauGB.

Rechtmäßigkeitsanforderungen

Ein Bebauungsplan, der eine Planfeststellung für eine Verkehrsanlage ersetzt, muss allen Anforderungen an seine Rechtmäßigkeit genügen, die an einen gemeindlichen Bebauungsplan zu stellen sind.

Verfahrensanforderungen

Grundsätzlich sind bei der Aufstellung eines Bebauungsplans, der die Planfeststellung für eine Verkehrsanlage ersetzt, dieselben verfahrensrechtlichen Anforderungen zu stellen, die auch bei anderen Bebauungsplänen zu beachten sind. Es gelten jedoch Besonderheiten:

Umweltverträglichkeitsprüfung

Nach § 2 Abs. 4 S. 1 BauGB wird für die Belange des Umweltschutzes nach § 1 Abs. 6 Nr. 7 BauGB und § 1 a BauGB grundsätzlich stets eine Umweltprüfung durchgeführt, in der die voraussichtlichen erheblichen Umweltauswirkungen ermittelt und in einem Umweltbericht beschrieben und bewertet werden. Das Ergebnis der Umweltprüfung ist nach § 2 Abs. 4 S. 4 BauGB in der Abwägung zu berücksichtigen. Über diese allgemeine Umweltprüfung bei der Aufstellung von Bauleitplänen hinaus bedarf es für Bebauungspläne, die eine Planfeststellung für ein Vorhaben ersetzen, für dessen Zulassung einer Umweltverträglichkeitsprüfung erforderlich ist, grundsätzlich einer projektbezogenen Umweltverträglichkeitsprüfung. Das Verhältnis zwischen dieser allgemeinen Umweltprüfung bei der Aufstellung von Bauleitplänen und der projektbezogenen Umweltverträglichkeitsprüfung für Bebauungspläne, die Planfeststellungen für UVP-Pflichtige Vorhaben ersetzen, regelt § 17 Abs. 1 S. 1 UVPG.

Nach § 17 Abs. 1 S. 1 UVPG wird für Bebauungspläne im Sinne von § 2 Abs. 3 Nr. 3 UVPG die Umweltverträglichkeitsprüfung einschließlich der Vorprüfung des Einzelfalls im Aufstellungsverfahren als Umweltprüfung nach den Vorschriften des BauGB durchgeführt. Zu den Entscheidungen im Sinne von § 2 Abs. 3 Nr. 3 UVPG gehören Beschlüsse nach § 10 BauGB über

Bebauungspläne, die Planfeststellungsbeschlüsse für Vorhaben im Sinne der Anl. 1 UVPG ersetzen. Daraus folgt, dass die UVP vollständig in das Bebauungsplanverfahren integriert ist.[22] Die Frage, ob eine UVP durchzuführen ist, richtet sich weiterhin nach dem UVPG. Eine über die im Rahmen der Bauleitplanung ohnehin durchzuführende Umweltprüfung hinausgehende zusätzliche oder besondere UVP für Verkehrsvorhaben nach Nr. 14.3–14.6 der Anl. 1 des UVPG ist somit gem. § 17 UVPG nicht erforderlich.[23] Allerdings muss sich die UVP auch auf alle Anforderungen erstrecken, die sich aus dem jeweiligen Fachplanungsgesetz für die Planfeststellung ergeben, die durch den Bebauungsplan ersetzt wird.

FFH-Verträglichkeitsprüfung

Nach § 34 Abs. 8 BNatSchG gelten die Bestimmungen über die FFH-Verträglichkeitsprüfung nach § 34 Abs. 1-Abs. 7 BNatSchG grundsätzlich nicht für Vorhaben im Sinne von § 29 BauGB in Gebieten mit Bebauungspläne nach § 30 BauGB und während der Planaufstellung nach § 33 BauGB. Mit dieser Regelung sollen doppelte FFH-Verträglichkeitsprüfungen für Pläne und auf deren Grundlage entwickelte Projekte vermieden werden. Diese Ausnahme von den Anforderungen der FFH-Verträglichkeitsprüfung gilt allerdings ausdrücklich nicht für Bebauungspläne, die eine Planfeststellung ersetzen. Bei diesen besteht die Gefahr einer Doppelprüfung zumeist ohnehin nicht, weil es regelmäßig für die Vorhaben keiner weiteren Zulassung, insbesondere einer Baugenehmigung, bedarf. Ist eine Baugenehmigung erforderlich, dann muss eine vorhabenbezogene Verträglichkeitsprüfung im Rahmen des Baugenehmigungsverfahrens durchgeführt werden.[24] Die FFH-Verträglichkeitsprüfung ist dementsprechend nach den Vorgaben des BauGB durchzuführen.

Nach § 1 a Abs. 4 BauGB sind, soweit ein Gebiet im Sinne des § 1 Abs. 6 Nr. 7 b BauGB in seinen für die Erhaltungsziele oder den Schutzzweck maßgeblichen Bestandteilen erheblich beeinträchtigt werden kann, die Vorschriften des BNatSchG über die Zulässigkeit und Durchführung von derartigen

22 Vgl. Wulfhorst, in: Landmann/Rohmer, Umweltrecht I, § 17 UVPG, Rn. 2.

23 Vgl. Mitschang/Reidt, in: Battis/Krautzberger/Löhr, Kommentar zum Baugesetzbuch, § 9, Rn. 62.

24 Vgl. Mitschang, in: Berliner Kommentar zum Baugesetzbuch, § 1 a, Rn. 388.

Eingriffen einschließlich der Einholung der Stellungnahme der Europäischen Kommission anzuwenden. Die FFH-Verträglichkeitsprüfung findet bei der Aufstellung von Bauleitplänen im Rahmen der Umweltprüfung statt. § 2 Abs. 4 S. 1 BauGB setzt voraus, dass für die Belange des Umweltschutzes eine Umweltprüfung durchgeführt wird, in der die voraussichtlichen erheblichen Umweltauswirkungen ermittelt und in einem Umweltbericht beschrieben und bewertet werden. In dem in § 2 a BauGB und der Anlage 1 zum BauGB geregelten Umweltbericht wird auch die FFH-Verträglichkeitsprüfung abgehandelt.[25] Eine erhebliche Beeinträchtigung der Erhaltungsziele oder des Schutzzwecks von Natura 2000-Gebieten kann nicht im Wege der bauleitplanerischen Abwägung überwunden werden. Maßgeblich sind für die Verträglichkeitsprüfung auch im Rahmen der Bauleitplanung ausschließlich die Vorschriften des BNatSchG und der dort geregelten Verträglichkeitsprüfung.

Naturschutzrechtliche Eingriffsregelung

Für Bebauungspläne, die eine Planfeststellung ersetzen, gilt außerdem die naturschutzrechtliche Eingriffsregelung. Nach § 18 Abs. 1 BNatSchG bleibt für Bebauungspläne, soweit sie eine Planfeststellung ersetzen, die Geltung der Vorschriften über die Eingriffsregelung unberührt. Es ist deshalb dieselbe Prüfung anzustellen, die auch bei der Planfeststellung für Verkehrsvorhaben erforderlich ist. Anders als bei normalen Bebauungsplänen ist bei einem die Planfeststellung ersetzenden Bebauungsplan das Entscheidungsprogramm der Eingriffsregelung mit seinen Vorrangregelungen vollständig abzuarbeiten. Das hat zur Folge, dass die naturschutzrechtliche Eingriffsregelung nicht – wie bei anderen Bebauungsplänen – der planerischen Abwägung unterfällt, sondern strikt zu beachtendes Recht ist.[26]

Materiell-rechtliche Anforderungen

Bei der Ersetzung einer Planfeststellung durch einen Bebauungsplan handelt es sich lediglich darum, für die Fachplanung ein anderes Planungsinstrument, nämlich den Bebauungsplan, zu nutzen. Der Wechsel des

---

25 im Einzelnen dazu Mitschang/Wagner, FFH-Verträglichkeitsprüfung in der Bauleitplanung – planerische und rechtliche Belange, DVBl 2010, 1257.

26 Vgl. Reidt, a. a. O., (Fn. 23), § 38, Rn. 16; Guckelberger, in: Frenz/Müggenborg, Kommentar zum BNatSchG, 2011, § 15, Rn. 14, 27.

Planungsinstrumentariums führt nicht dazu, dass die materiell-rechtlichen Anforderungen verändert werden.[27]

Entwicklung aus dem FNP

Auch der die Planfeststellung ersetzende Bebauungsplan ist aus dem Flächennutzungsplan zu entwickeln.[28]

Städtebauliche Erforderlichkeit

Ein Bebauungsplan, mit dem eine Planfeststellung ersetzt werden soll, darf nach § 1 Abs. 2 S. 1 BauGB nur aufgestellt werden, sobald und soweit dies für die städtebauliche Entwicklung und Ordnung erforderlich ist. Regelmäßig wird eine Erforderlichkeit in diesem Sinne bei innerorts gelegenen Verkehrsanlagen, z. B. bei Ortsdurchfahrten von Straßen, erfüllt sein. Auch bei Straßen außerhalb der Ortsdurchfahrten kann eine Planung für die städtebauliche Entwicklung und Ordnung erforderlich sein, so z. B. wegen der mit der Ortsumgehung verbundenen Entlastung des Ortskerns vom Durchgangsverkehr. Nicht erforderlich ist ein Bebauungsplan, mit dem eine Planfeststellung für eine Verkehrsanlage ersetzt werden soll, wenn die Verwirklichung des Vorhabens innerhalb eines Zeitraums von etwa zehn Jahren nach Inkrafttreten des Plans ausgeschlossen erscheint.[29]

Auch eine fehlende Finanzierungsmöglichkeit kann die Planrechtfertigung entfallen lassen. Grundsätzlich soll aber bereits eine dem Grunde nach vorliegende Zusage über Fördermittel genügen.[30] Wenn ein Planvollzug nach Inkrafttreten des Bebauungsplans auf unüberschaubare Zeit ausgeschlossen erscheint, kann der Bebauungsplan auch wegen seiner Funktionslosigkeit wieder unwirksam werden. Das gilt z. B. dann, wenn ein Bebauungsplan Verkehrsflächen für eine Straße festsetzt und wenn sich dann herausstellt, dass die Absicht, auf dieser Trasse noch eine Straße zu bauen, endgültig aufgegeben worden ist.[31]

---

27 Vgl. VGH München, a. a. O., (Fn. 10), juris, Rn. 22.

28 Vgl. BVerwG, B. v. 07.02.2005 – 4 BN 1/05 – NVwZ 2005, 584.; Reidt, a. a. O., (Fn. 23), § 38, Rn. 16.

29 Vgl. BVerwG, Urt. v. 18.03.2004 – 4 CN 4.03 – DVBl 2004, 957, 958.

30 Vgl. OVG Koblenz, Urt. v. 19.02.2009 – 1 C 10256/08 – juris, Rn. 86.

31 Vgl. BVerwG, B. v. 20.07.2010 – 4 B 22/10 – juris, Rn. 11.

Berücksichtigung von Eigentumsbelangen

Werden in dem Bebauungsplan Verkehrsflächen auf Grundstücken ausgewiesen, die im Privateigentum stehen, ist dies wegen der Sozialbindung des Eigentums nach Art. 14 Abs. 2 GG grundsätzlich zulässig. Es handelt sich insoweit um Inhalts- und Schrankenbestimmungen des Eigentums, die verhältnismäßig sind, wenn sie das Ergebnis einer ordnungsgemäßen Abwägung sind. Abwägungsfehlerhaft ist eine gemeinnützige Festsetzung für eine Verkehrsanlage erst dann, wenn sie auch unter Berücksichtigung von Entschädigungsregeln unverhältnismäßig ist oder eine ordnungsgemäße Abwägung nicht stattgefunden hat.[32] Da der planfeststellungsersetzende Bebauungsplan – wie bereits erwähnt – keine enteignungsrechtliche Vorwirkung hat, muss der Plan auch nicht den Anforderungen des Art. 14 Abs. 3 GG genügen.

Abwägungsgebot

Die Gemeinde hat bei der Aufstellung eines Bebauungsplans, der einen Planfeststellungsbeschluss ersetzen soll, das Abwägungsgebot des § 1 Abs. 7 BauGB zu beachten. Nach § 74 Abs. 3 VwVfG kann die Planfeststellungsbehörde, soweit eine abschließende Entscheidung noch nicht möglich ist, diese im Planfeststellungsbeschluss vorbehalten. Dieser Entscheidungsvorbehalt ist eine Ausnahme vom Grundsatz der Einheitlichkeit einer Planungsentscheidung und zugleich auch von dem Grundsatz der Konfliktbewältigung. Allerdings kommt ein solcher Vorbehalt nur dann in Betracht, wenn die Lösung des offen gelassenen Problems im Rahmen des bereits im Übrigen festgestellten Plans möglich ist.[33] Eine vergleichbare Möglichkeit des Entscheidungsvorbehalts besteht für den Bebauungsplan nicht. Eine Verlagerung der Lösung bestimmter Probleme, zumal des Lärmschutzes, in ein nachfolgendes Verwaltungsverfahren scheidet bei Bebauungsplänen, die eine Planfeststellung ersetzen, schon deshalb aus, weil die Zulassung der Verkehrsanlage, z. B. der Straße des Schienenwegs, keines weiteren Zulassungsverfahrens mehr bedarf.

---

32 Vgl. Sauthoff, a. a. O., (Fn. 1), § 11, Rn. 95.
33 Vgl. Kopp/Ramsauer, Kommentar zum VwVfG, § 74, Rn. 175.

Verhältnis zur Fachplanung

Bei Bebauungsplänen der Gemeinde, die eine Planfeststellung für eine Verkehrsanlage ersetzen, gilt der Vorrang der Fachplanung nach § 38 BauGB nicht. Die Gemeinde kann auch nicht ohne oder gar gegen den Willen des Trägers der Fachplanung in ihrem Gemeindegebiet eine Verkehrsanlage planen. Denn wenn der Träger der Fachplanung nicht bereit ist, die geplante Verkehrsanlage zu realisieren, fehlt es mangels der Umsetzungskompetenz der Gemeinde an einem Planungserfordernis im Sinne von § 1 Abs. 3 S. 1 BauGB.[34] Die Gemeinde holt dazu nach § 4 Abs. 2 S. 1 BauGB die Stellungnahmen der Behörden und sonstigen Träger öffentlicher Belange, deren Aufgabenbereich durch die Planung berührt werden kann, ein. Der Träger der Fachplanung kann das Vorhaben auch abweichend von dem planfeststellungsersetzenden Bebauungsplan realisieren. Die Privilegierung der Fachplanung nach § 38 BauGB ermöglicht ihm den Erlass eines von dem Bebauungsplan abweichenden Planfeststellungsbeschlusses. Allerdings muss bei einer solchen Planfeststellung die städtebauliche Planung wiederum berücksichtigt werden. Die darin zum Ausdruck kommenden städtebaulichen Belange sind für den Fachplanungsträger abwägungsrelevant.

Zusätzliche Planfeststellung

Nach § 17 b Abs. 2 S. 2 FStrG ist eine zusätzliche Planfeststellung durchzuführen, wenn eine Ergänzung des die Planfeststellung ersetzenden Bebauungsplans notwendig wird oder wenn von Festsetzungen dieses Bebauungsplans abgewichen werden soll. Abweichend davon kann eine Ergänzungsplanfeststellung unterbleiben, wenn es nach § 74 Abs. 7 VwVfG i. V. m. § 17 b Abs. 1 Nr. 4 FStrG um eine Ergänzung oder Änderung von unwesentlicher Bedeutung handelt, für die eine Planfeststellung nicht erforderlich ist.

Ergänzungsplanfeststellung

Die Ergänzungsplanfeststellung dient der Regelung von Fragen, die der Bebauungsplan offen gelassen hat. Beispielhaft werden bei der Straßenplanung die Feststellung der Gradiente der Straße, die Festsetzung von

---

34 Vgl. BVerwG, a. a. O., (Fn. 6), BVerwGE 108, 248; Schiller, a. a. O., (Fn. 16), Rn. 106.

Durchflussöffnungen bei Brücken und Durchlässen, die Regelung von Unterhaltspflichten bei Bauwerken sowie ergänzende Schutzvorkehrungen genannt.[35]

Änderungsplanfeststellung

Eine abweichende Planfeststellung setzt den Bebauungsplan nicht außer Kraft, macht ihn aber unvollziehbar. Soweit durch die Planänderungen ein Planungsschaden entsteht, richtet sich die Höhe des Entschädigungsanspruchs nach den §§ 40, 43 Abs. 1, Abs. 2, Abs. 4 und 5 und 44 Abs. 1–4 BauGB (§ 17 b Abs. 2 S. 3 FStrG).

Änderung der Planfeststellung durch Bebauungsplan?

Fraglich ist, ob und unter welchen Voraussetzungen eine Änderung der durch einen Planfeststellungsbeschluss geregelten Straßenplanung durch einen nachfolgenden Bebauungsplan zulässig ist. Dazu wird die Auffassung vertreten, dass durch einen Bebauungsplan auch ein Planfeststellungsbeschluss oder eine Plangenehmigung für eine überörtliche Straße geändert werden kann, ohne dass zuvor der Planfeststellungsbeschluss (teilweise) aufgehoben werden müsste.[36] Das OVG NRW vertritt demgegenüber jedoch die Ansicht, aus der Privilegierung des § 38 BauGB ergebe sich, dass ein Planfeststellungsbeschluss für ein nach § 38 BauGB privilegiertes Fachplanungsvorhaben vor dessen abschließender Fertigstellung nicht durch einen Bebauungsplan inhaltlich geändert werden kann. Wird ein Bebauungsplan aufgestellt, mit dem von dem Regelungsgehalt des Planfeststellungsbeschlusses abgewichen wird, ist der Plan mangels Vollziehbarkeit nicht im Sinne von § 1 Abs. 3 S. 1 BauGB erforderlich und daher unwirksam.[37]

---

35 Vgl. Menke, Die Änderung von Planfeststellungsbeschlüssen oder Plangenehmigungen durch Bebauungsplan, NVwZ 1999,950.

36 Vgl. Sauthoff, a. a. O., (Fn. 1), § 11 Rn. 93; Keilich, Planänderung durch Bebauungsplan, NVwZ 2001,1012; Menke, a. a. O., (Fn. 35), NVwZ 1999, 950; Mitschang/Reidt, a. a. O., (Fn. 23), § 9, Rn. 62.

37 OVG Münster, Urt. v. 05.02.2003 – 7a D 77.99 – NVwZ-RR 2003, 633; Schiller, a. a. O., (Fn. 16), Rn. 106.

Rechtsschutzmöglichkeiten

Ein Planfeststellungsbeschluss ergeht als Verwaltungsakt. Er ist nach seiner ordnungsgemäßen Bekanntgabe innerhalb eines Monats anzufechten und zwar entweder zunächst mit Widerspruch oder – wo landesrechtlich ein Widerspruchsverfahren nicht vorgesehen ist– unmittelbar mit einer Anfechtungsklage. Demgegenüber kann gegen einen Bebauungsplan – auch wenn er eine Planfeststellung ersetzt – Normenkontrolle nach § 47 VwGO erhoben werden. Das Verstreichen der Frist für die Normenkontrolle lässt die Befugnis der Betroffenen unberührt, zu einem späteren Zeitpunkt bei einer Inzidentkontrolle des Plans – z. B. bei einem erforderlich werdenden Enteignungsbeschluss – die Unwirksamkeit des Plans einzuwenden. Nach § 75 Abs. 1 a S. 2 VwVfG führen erhebliche Mängel bei der Abwägung oder eine Verletzung von Verfahrens- oder Formvorschriften nur dann zur Aufhebung des Planfeststellungsbeschlusses oder der Plangenehmigung, wenn sie nicht durch Planergänzung oder durch ein ergänzendes Verfahren behoben werden können.

Nach § 17 e Abs. 3 FStrG ist ein Antrag auf Anordnung der aufschiebenden Wirkung der gegen den fernstraßenrechtlichen Planfeststellungsbeschluss gerichteten Klage fristgebunden. Erfolgversprechend ist der Antrag regelmäßig nur dann, wenn im Eilverfahren erkennbar ist, dass ein Anspruch auf Planaufhebung besteht. Ist hingegen nur ein Anspruch auf Planergänzung erkennbar, besteht kein Anlass, die aufschiebende Wirkung der gegen den Planfeststellungsbeschluss gerichteten Klage anzuordnen.[38]

Schluss

Wohl überwiegend wird empfohlen, das Instrument eines die Planfeststellung ersetzenden Bebauungsplans allenfalls behutsam einzusetzen.[39] § 9 BauGB biete keine hinreichenden Möglichkeiten, die für eine sachgerechte Planung erforderlichen Festsetzungen zu treffen. Regelmäßig sollte die Gemeinde sich daher – so die Empfehlung – darauf beschränken, durch Festsetzungen im Bebauungsplan die Trassen für eine Fachplanung zu sichern. Es sei insoweit auch möglich, dass die Gemeinde den Bebauungsplan nur dazu nutzt, eine Verkehrsfläche für eine Bundesstraße festzusetzen.

---

38 Vgl. Kuschnerus, a. a. O., (Fn. 15), Rn. 103.
39 Vgl. Sauthoff, a. a. O., (Fn. 1), § 11 Rn. 92; Kuschnerus, a. a. O., (Fn. 15), Rn. 95.

Michael Isselmann

Praxisbezogene Fragestellungen im Schnittfeld von Bauleitplanung, Planfeststellung und Plangenehmigung

Abstract: Aus der Perspektive des Praktikers stellt der Autor dieses Beitrages zehn Thesen zum Verhältnis von raumbezogener Fachplanung und Bauleitplanung zur Diskussion. Diese beschäftigen sich mit den jeweiligen Planungszielen, rechtlichen Grundlagen, Inhalten und verfahrensspezifischen Anforderungen der räumlichen und sektoralen Planung.

The author puts ten theses relating to spatially relevant sectoral planning and urban land-use planning up for discussion. They comprise the specific planning objectives, the legal framework as well as the thematic priorities and procedural requirements of the spatial and sectoral planning.

Vorweg

Kennen Sie Arthur Dent? Wenn nicht, dann ist Ihnen wahrscheinlich auch Prostetnic Vogon Jeltz kein Begriff. Arthur Dent ist Eigentümer eines Hauses, welches – so die Pläne der Gemeindeverwaltung – einer Umgehungsstraße weichen soll. Er wird sich dessen bewusst, als die Bulldozer vor seinem Haus stehen und mit dem Abriss beginnen wollen. Wie sich allerdings kurz darauf herausstellt, ist dies nicht das größte Problem. Viel gravierender ist, dass nicht nur die Gemeindeverwaltung den Bau einer Umgehungsstraße geplant hat, sondern der Galaktische-Hyperraum-Planungsrat die Einrichtung einer Hyperraum-Expressroute.

Prostetnic Vogon Jeltz ist Mitglied dieses Planungsrates und er verkündet an diesem Tag Folgendes: *„Bewohner der Erde, bitte herhören. Wie Ihnen zweifellos bekannt sein wird, sehen die Pläne zur Entwicklung der Außenregion der Galaxie den Bau einer Expressroute durch Ihr Sternensystem vor, und bedauerlicherweise ist Ihr Planet einer von denen, die gesprengt werden müssen.“* Als daraufhin weltweit Widerstand aufkommt ergänzt er: *„Es gibt keinen Grund dermaßen überrascht zu tun. Alle Planungsentwürfe und Zerstörungsanweisungen haben 50 Ihrer Erdenjahre in Ihrem zuständigen*

Planungsamt auf Alpha Centauri ausgelegen. Wenn Sie sich nicht um ihre ureigensten Angelegenheiten kümmern, dann ist es wirklich Ihr Problem.“

Natürlich ist dies Science Fiction, aber diese Geschichte stammt aus den 1970er Jahren. Es handelt sich um den Roman „PER ANHALTER DURCH DIE GALAXIS“, der – zumindest aus heutiger Sicht, rund 40 Jahre später – eine Vielzahl von Aspekten aufzeigt, welche die Debatte um Planungen im Allgemeinen und Infrastrukturplanungen im Besonderen auch aktuell begleiten: technische (oder technokratisch empfundene) Planungen, formelle (oder formalistisch empfundene) Planverfahren, offene (aber oftmals als Alibi verstandene) Beteiligungsprozesse.

Infrastrukturplanung trifft Stadtentwicklung

Im Rahmen von 10 Thesen soll im Folgenden Fragen im Schnittfeld von raumbezogener Bauleitplanung und sektoraler Fachplanung nachgegangen werden.

- Unabhängig davon, ob es sich um eine raumbezogene oder um eine Fachplanung handelt, ist Ziel und Ergebnis die Veränderung der Umwelt. Fachplanungen unterscheiden sich durch ihre sektorale Ausrichtung von der querschnittsorientierten und als Gesamtplan angelegten Raumplanung. Auch wenn sektorale Planungen, z. B. Verkehrsplanungen, sich auf einzelne Fachaufgaben konzentrieren, setzen sie sich dennoch mit den Wechselwirkungen auf andere Bereiche, z. B. Auswirkungen auf Umwelt und Natur, auseinander. Raumbezogene Planungen werden – wie auch Fachplanungen – auf unterschiedlichen geografischen bzw. administrativen Ebenen betrieben. Sie verfolgen das Ziel, eine auf die jeweilige Gebietseinheit bezogene integrierende Gesamtentwicklung zu konzipieren. Beiden Planungsansätzen gemein ist, Konzepte für die räumliche Entwicklung der Gesellschaft vorzubereiten und umzusetzen.
- Sowohl raumbezogene Planungen (Bauleitplanung) wie fachbezogene Infrastrukturplanungen (z. B. Verkehrsprojekte) unterliegen rechtlichen Regelungen; Grundlage sind das Baugesetzbuch bzw. das Verwaltungsverfahrensgesetz.

  Bereits das dem Baugesetzbuch vorausgehende Bundesbaugesetz, welches 1960 erlassen wurde, stellte als Zweck heraus, die städtebauliche Entwicklung in Stadt und Land zu ordnen und dabei die baulichen und sonstigen Nutzungen vorzubereiten und zu leiten. Das Baugesetzbuch als zentrales Gesetzeswerk des Bauplanungsrechts hat diese Zielstellung 1986 übernommen und dabei die Erfahrungen um die bauliche „Neuentwicklung“ des Raums um die Erfahrungen des „Umbaus“ ergänzt. Auch die Fachplanungsgesetze habe eine langjährige Tradition. Beispielhaft genannt seien das Bundesfernstraßengesetz aus dem Jahr 1953 oder das Allgemeine Eisenbahngesetz von 1951. Beide nennen als Aufgabe „Netze auszubauen“, „Verkehrsbedürfnisse zu bedienen“ bzw. „Infrastruktur in einem ausreichenden Zustand zu bauen und zu unterhalten“. Regelungen für die Durchführung entsprechender Verfahren solcher Fachplanungen gibt das Verwaltungsverfahrensgesetz, welches auf Bundesebene 1976 erlassen wurde.

- Die dort getroffenen Verfahrensregeln weisen gewisse Ähnlichkeiten auf, beinhalten aber auch deutliche Unterschiede.
  Sowohl das Baugesetzbuch als auch das Verwaltungsverfahrensgesetz beschreiben einen Planungsprozess, welcher charakterisiert ist durch umfängliche Material- und Informationsbeschaffung und -auswertung sowie die Einschaltung einer Vielzahl von Fachstellen (Träger öffentlicher Belange) und der Öffentlichkeit. Beide Planverfahren sind mehrstufig angelegt und sehen Ergänzungen und die Wiederholung einzelner Schritte vor, sofern dies erforderlich ist. Der wesentliche Unterschied besteht darin, dass ein Bebauungsplan als Satzung beschlossen wird, demgegenüber stellt ein Planfeststellungsbeschluss einen Verwaltungsakt dar.
- Planerarbeitung, die umfassende Ermittlung der unterschiedlichen Belange und ihre Gewichtung sowie die Form der Beteiligung der Öffentlichkeit folgen formellen Verfahrensregeln.

Das grafische Planwerk, sei es aus der fachlichen oder der raumbezogenen Perspektive, stellt das abschließende Bild eines Meinungsbildungs- und Entscheidungsprozesses dar. Ohne die beschreibende und begründende textliche Erläuterung der Ziele sowie die Darlegung der begünstigenden wie entgegenstehenden Aspekte und der bewertete Umgang mit ihnen, können Planverfahren allerdings nicht zum Abschluss gebracht werden.

- Zentrales Element beider Planungsansätze ist die Ermittlung unterschiedlicher privater und öffentlicher Interessenlagen und das Ermöglichen einer sachgerechten Entscheidung dieser Belange durch Abwägung.

Die Einschaltung einer Vielzahl von potenziell Betroffenen durch direkte Ansprache oder durch allgemeine öffentliche Information hat das Ziel eine vollständige und umfängliche Information über die unterschiedlichen Belange und Interessenlagen sowohl privater wie öffentlicher, institutioneller wie privater Beteiligter zu erhalten. Sie dienen als Basis für eine sachgerechte Abwägung, also der Vorbereitung einer Entscheidung, wobei unterschiedliche und auch kollidierende Ziele ins Verhältnis gesetzt, gegeneinander gestellt, zu Kompromissen geführt, aber auch voran bzw. zurück gestellt werden können. Eine solcherart „abgewogene" Entscheidung muss nachvollziehbar dargelegt werden können.

- Seit Einführung der Rechtsnormen, aber gerade auch in der jüngeren Vergangenheit, steht die instrumentelle Funktion der Verfahren im Fokus der Diskussion.
  Die Durchführung von Planverfahren ist kein Selbstzweck; der dienende Charakter ist hervorzuheben. Verfahren dienen dazu, das für eine Entscheidung erforderliche Wissen zu generieren und zu fundieren. Allerdings ist festzuhalten, dass mit dem Anspruch an Vollständigkeit, größtmöglicher Transparenz und Nachvollziehbarkeit nicht zwangsläufig die Akzeptanz der an der Planung Beteiligten verknüpft ist. Vielmehr wird daran gezweifelt, dass eine Verfahrensgerechtigkeit besteht; gleichfalls schwer zu vermitteln ist, dass auch bei dem konsequenten Bemühen ein Ziel zu erreichen gleichwohl Ergebnisoffenheit besteht.
- Kritisiert werden insbesondere die sich immens verlängernden Verfahrensdauern, die Differenziertheit einzelner Sachverhalte und die Komplexität in ihrer Gesamtschau, eine damit verbundene (oder empfundene) Intransparenz und sich eine daraus ergebende (vorgeblich) nicht sachgerechte Abwägungsentscheidung.
  Unzweifelhaft hat die Zahl der heute in einer ebenfalls deutlich höheren Differenziertheit in die Entscheidungsfindung einzustellen Sachverhalte zugenommen. Die Tiefe des Untersuchungsgrads zu einzelnen Fachthemen hat einen Grad erreicht, der eine gebündelte Erarbeitung nicht mehr zulässt. Umfang und Komplexität der einzelnen Aspekte wie auch die erforderliche Zusammenführung in einen gewichteten Bewertungsvorschlag erfordern Zeit und hinsichtlich der Nachvollziehbarkeit einen hohen Aufwand.

- Rechtliche Regelungen zur Beschleunigung von Planverfahren sind in ihrem praktischen Einsatz (zumeist) untauglich.
  Auf der Seite des Gesetzgebers haben die längeren Verfahrensdauern dazu geführt, durch entsprechende Novellierungen der „Planungsgesetze“ Beschleunigungsmöglichkeiten zu eröffnen. Allein Verkürzung von Beteiligungsfristen oder Verzicht auf einzelne Verfahrensschritte stoßen letztlich ins Leere. War eine Begründung, mit dem BauGB 1986 eine umfassende Neugestaltung des Bauplanungsrechts zu schaffen, so sieht sich die Praxis dennoch in einem nahezu dreijährlichen Rhythmus mit Teilnovellierungen konfrontiert. Und auch fachplanerisch gibt es Beispiele „Verkehrswegeplanungsbeschleunigungsgesetz (VerkPBG)“.
- Die umfassende Fortentwicklung sektoraler Zielsysteme lässt vielfach eine integrative Gesamtplanung nicht mehr zu.
  Die Unvereinbarkeit von Zielsystemen unterschiedlicher Belange zeigt sich in der praktischen planerischen Arbeit oftmals (vermeintlich) als nicht „abwägungsfähig“. Gleichwohl hat sich der integrierte Gesamtplanungsansatz bewährt.
- Die Bemühungen zur Verbesserung einer Beteiligungskultur müssen begleitet werden durch eine Fortentwicklung der Entscheidungs- und Entscheidungsakzeptanzkultur.
  Wie Planverfahren sind auch Beteiligungsprozesse kein Selbstzweck. Die Fortentwicklung der Methoden hat den Instrumentenkasten gefüllt und finden in der Praxis – richtigerweise – auch konsequent Anwendung. Durchaus ist daher grundsätzlich von einer gegebenen Beteiligungskultur zu sprechen. Dieser Position mag widersprochen werden, doch letztlich muss in der Partizipationsdebatte akzeptiert werden, dass Beteiligungsprozesse nicht regelmäßig (oder regelmäßig nicht) zu konsensualen Ergebnissen führen. Diesem ist, dem jeweiligen Verfahrensstand entsprechend, bei Entscheidungen ebenso Rechnung zu tragen. Die Bereitschaft, transparente Planungsprozesse ergebnisoffen zu gestalten, Entscheidungen sachgerecht nachvollziehbar zu treffen, muss letztlich allerdings auch durch eine Akzeptanz solcher Entscheidungen begleitet werden.

Wilhelm Söfker

Abschichtung in Raumordnung und Bauleitplanung

Abstract: Dieser Beitrag befasst sich mit der Abschichtung im Rahmen der Raumordnung und Bauleitplanung und ihrer Rechtswirkungen. Ziel der Abschichtung ist die Vermeidung von Mehrfachprüfungen und damit die Beschleunigung und Entlastung von Planverfahren. Der Autor betrachtet das Thema aus zwei Richtungen: Zum einen aus der Perspektive der Planungsbefugnisse auf Raumordnungs- und Bauleitplanebene und zum anderen aus Sicht verschiedener, von der Planung berührter öffentlicher und privater Belange und den damit verbundenen Zielen der jeweiligen Planungsebene. Illustriert und näher ausgeführt werden diese Aspekte anhand aktueller Themenbereiche.

This article deals with the coordinated design of planning procedures in the field of spatial and urban land-use planning and its legal consequences. The author considers this issue from diffent perspectives. By using current examples, these perspectives are illustrated and explained in more detail.

1 Zur Ausgangslage

Die „Abschichtung in Raumordnung und Bauleitplanung" kann vor allem unter zwei, sich auch überschneidenden Aspekten und den sich daraus ergebenden Rechtswirkungen betrachtet werden.

Zum einen betrifft dies die Planungsbefugnisse, die insbesondere wegen der Pflicht zur Anpassung der Bauleitpläne an die Ziele der Raumordnung (§ 1 Abs. 4 BauGB) zu einer Abschichtung beider Bereiche führt. Je nach den Inhalten der Festlegungen in den Raumordnungsplänen sind sie bindend für die Bauleitplanung. Der Bauleitplanung bleiben trotz der Ziele der Raumordnung in der Regel etwa zur Konkretisierung bestimmte Planungsbefugnisse, oder sie sind insoweit frei, als Ziele der Raumordnung nicht bestehen. Dabei ist auch zu berücksichtigen, dass die Befugnisse im Bereich der Raumordnung auf Landesebene vor allem aufgeteilt sind auf den landesweiten Raumordnungsplan und die Regionalpläne (§ 8 Abs. 1 ROG). In der Bauleitplanung obliegt den Gemeinden die Planungszuständigkeit für den gemeindegebietsumfassenden Flächennutzungsplan und die Bebauungspläne

(§ 2 Abs. 1 Satz 1 BauGB), ggf. in den Ländern differenziert geregelt, etwa die Zuständigkeit für den Flächennutzungsplan die Verbandsgemeinden in Rheinland-Pfalz und die Samtgemeinden in Niedersachsen. Oder es ergeben sich Änderungen der Zuständigkeiten für gemeinsame Flächennutzungspläne und für Planungsverbände nach §§ 204 und 205 BauGB. Eine Variante zur Frage der Abschichtung von Raumordnung und Bauleitplanung stellt der „regionale Flächennutzungsplan“ nach § 8 Abs. 4 ROG dar, der als Regionalplan zugleich die Funktion des Flächennutzungsplans übernimmt. Seine Inhalte sind in bestimmter Weise als Ziele der Raumordnung (§ 1 Abs. 4 BauGB) und im Rahmen des Entwickelns des Bebauungsplans aus dem Flächennutzungsplans (§ 8 Abs. 2 BauGB) für den Bebauungsplan beachtlich.

Zum anderen können sich Abschichtungen der Raumordnung und Bauleitplanung aus der Behandlung verschiedener, von den Planungen berührter öffentlicher und privater Belange auf der Ebene der Raumordnung und der Ebene der Bauleitplanung ergeben. Dies gilt vor allem, wenn beide Planungsebenen an sich im Wesentlichen bestimmte gleichgerichtete oder ähnliche Ziele verfolgen und dabei, vor allem nach Abwägungsgrundätzen (§ 7 Abs. 2 ROG, § 1 Abs. 7 BauGB) und unter Berücksichtigung der Ergebnisse der Beteiligung der Öffentlichkeit und der Behörden (§ 10 ROG, §§ 2 ff. BauGB) einschließlich Umweltprüfung (§ 9 ROG, § 2 Abs. 4 BauGB), die von der Planung berührten Belange in bestimmter Weise behandeln, so dass sich daraus eine Abschichtung zwischen Raumordnung und Bauleitplanung ergibt.

Für die Abschichtung zwischen Raumordnung und Bauleitplanung haben – ausgehend von den Aufgaben der Raumordnung (Festlegungen durch zusammenfassende, übergreifende, überörtliche und fachübergreifende Raumordnungspläne, § 1 Abs. 1 ROG)[1] – die Ziele der Raumordnung (verbindliche Vorgaben im Sinne der Definition des § 3 Abs. 1 Nr. 2 ROG)[2] zentrale Bedeutung. Dazu sind die im ROG und im BauGB allgemein und auf bestimmte Regelungsbereiche bezogene, differenziert getroffene Regelungen zu beachten.

1 Mit diesen Ausrichtungen und nicht schon an sich hat die Raumordnung „übergeordnete“ Bedeutung.

2 Wegen ihrer weniger weitreichenden Bedeutung befasst sich das Referat nicht auch mit den sog. Erfordernissen und Grundsätzen der Raumordnung (dazu die Definitionen in § 3 Abs. 1 Nr. 1 und 3 ROG).

Für die Ziele der Raumordnung sind insbesondere im ROG von Bedeutung die allgemeinen Bindungswirkungen nach §§ 5 und 6 ROG, das Abwägungsgebot des § 7 Abs. 2 ROG, die möglichen Inhalte der Raumordnungspläne nach § 8 ROG, die Umweltprüfung nach § 9 ROG sowie die Beteiligungsregelungen, insbesondere zur Öffentlichkeitsbeteiligung, nach § 10 ROG. Für die Beachtlichkeit der Raumordnung für die Bauleitplanung und das Bauplanungsrecht insgesamt sind die im BauGB enthaltenen sog. Raumordnungsklauseln maßgeblich. Diese sind: § 1 Abs. 4 BauGB über die Anpassung der Bauleitpläne an die Ziele der Raumordnung, § 2 Abs. 2 Satz 2 BauGB über die Bedeutung der Ziele der Raumordnung in der gemeindenachbarlichen Abstimmung, § 2 Abs. 4 Satz 5 BauGB über die Berücksichtigung der Ergebnisse der Umweltprüfung einer Raumordnung in einer nachfolgenden Bauleitplanung und umgekehrt, § 35 Abs. 3 Satz 2 BauGB zur Unzulässigkeit von raumbedeutsamen Vorhaben im Außenbereich bei einem Widerspruch zu den Zielen der Raumordnung und zur Berücksichtigung der Abwägung von öffentlichen Belangen bei den Zielen der Raumordnung, § 35 Abs. 3 Satz 3 BauGB zur räumlichen Beschränkung der Zulässigkeit von im Außenbereich privilegierter Vorhaben, für die an anderer Stelle Ausweisungen als Ziele der Raumordnung erfolgt ist, und schließlich § 11 Abs. 3 BauNVO zur Bedeutung der Auswirkungen auf die Ziele der Raumordnung als Zulässigkeitsschranke für großflächige Einzelhandelsbetriebe in den Baugebieten.

Diese im BauGB spezialgesetzlich geregelten sog. Raumordnungsklauseln haben mit Rücksicht auf die Gesetzgebungskompetenz des Bundes für das ROG (konkurrierende Gesetzgebungszuständigkeit des Bundes mit Abweichungsmöglichkeit der Länder im Raumordnungsrecht) und die abweichungsfeste Gesetzgebungszuständigkeit des Bundes im Bereich des Bodenrechts[3] grundlegende Bedeutung. Nur soweit sich aus dem Bundesrecht (in der Regel durch die Raumordnungsklauseln) eine Bindung für das Bauplanungsrecht ergibt, hat dies Bedeutung für die hier behandelte Abschichtung in beiden Bereichen.

Mit diesen allgemeinen Hinweisen wird deutlich, dass die Abschichtung von Raumordnung und Bauleitplanung nach den Planungsbefugnissen und

3 Vgl. Art. 72 und 74 GG.

nach der auf beiden Planungsebenen vornehmbaren Behandlung der öffentlichen und privaten Belange einschließlich Umweltprüfung nach den rechtlichen Rahmenbedingungen und den in der Planungspraxis vorzufindenden verschiedenen Planinhalten unterschiedlich ausgeprägt, d. h. komplex ist. Im Folgenden werden die dargelegten Aspekte anhand aktueller Themenbereiche näher behandelt.

2 Ausrichtung der Planungen auf die Innenentwicklung

Raumordnung und Bauleitplanung sind nach den maßgeblichen Rechtsvorschriften auf die Innenentwicklung ausgerichtet. Dazu sind spezielle Grundsätze in § 2 Abs. 2 Nr. 6 Satz 3 ROG und in § 1 Abs. 5 Satz 3 und § 1a Abs. 2 BauGB enthalten. Zur Vermeidung der erstmaligen Flächeninanspruchnahme hat auch die Umweltprüfung, wie sie in § 9 ROG und § 2 Abs. 4 Satz 1 BauGB – jeweils in Verbindung mit der Anlage zum ROG und der Anlage 1 zum BauGB – Bedeutung. Von Bedeutung ist auch die geplante[4] Einfügung von „Fläche“ in § 1 Abs. 6 Nr. 7 Buchst. a BauGB, worauf § 2 Abs. 4 Satz 1 BauGB Bezug nimmt.

Für die Raumordnung und ihre Auswirkungen auf die Bauleitplanung sind die in landesweiten Raumordnungsplänen festgelegten Ziele der Raumordnung, weil in der Regel konkreter als im ROG oder Landesraumordnungsgesetz formuliert, von Bedeutung. In ihnen werden aus „zusammenfassender, übergreifender, überörtlicher und fachübergreifender“ (§ 1 Abs. 1 Satz 1 ROG) Sicht Festlegungen unmittelbar zur Ausrichtung auf die Innenentwicklung, auch im Zusammenwirken mit anderen Zielen der Raumordnung zur Siedlungsstruktur (§ 8 Abs. 5 ROG), getroffen. Darin kann mit Rücksicht auf die Anpassungspflicht des § 1 Abs. 4 BauGB eine wichtige Ergänzung der Grundsätze des BauGB liegen, vor allem wenn dadurch die raumordnerisch relevanten Verhältnisse im betreffenden Bundesland und deren Raumordnung (Landesplanung) berücksichtigt werden.

Je nach Ausgestaltung der diesbezüglichen Ziele der Raumordnung können Fragen zur Abschichtung von Raumordnung und Bauleitplanung vor allem

4 Vgl. dazu den Referentenentwurf eines Gesetzes zur Umsetzung der Richtlinie 2014/52/EU im Städtebaurecht und zur Stärkung des neuen Zusammenlebens in der Stadt v. 16.06.2016, Art. 1 Nr. 2 a).

unter dem Gesichtspunkt der oben behandelten Planungsbefugnisse – wie weit reichen die Bindungen an die Ziele der Raumordnung ? – aufgeworfen werden, wenn sich die Ziele der Raumordnung und die Planungsgrundsätze des BauGB ähneln oder gleichen. Dies kann Fragen nach der Effizienz und Praktikabilität aufwerfen. Dies gilt etwa mit Rücksicht auf die rechtliche Bedeutung, insbesondere des § 1a Abs. 2 BauGB als sog. Abwägungsdirektive für die Bauleitplanung, die auch in ihrer planungspraktischen Bedeutung weitreichend ist[5], im Verhältnis zu allgemeinen Aussagen in landesweiten Raumordnungsplänen, die zu Doppelprüfungen und ggf. nicht ohne weiteres erkennbaren Nutzen führen können. Dies wird z. B. deutlich in der Rechtsprechung des VGH Mannheim[6] zur sehr ähnlichen Zielrichtung des vom VGH als Ziel der Raumordnung beurteilten Plansatz 3.1.9 Z des LEP 2002 Bad. – Württ.: „Die Siedlungsentwicklung ist vorrangig am Bestand auszurichten. Dazu sind die Möglichkeiten der Verdichtung und Arrondierung zu nutzen, Baulücken und Baulandreserven zu berücksichtigen sowie Brach-, Konversions- und Altlastenflächen neuen Nutzungen zuzuführen ...". Für die Praxis der Bauleitplanung bedeutet dies einerseits eine Anpassung an das Ziel der Raumordnung mit seinem spezifischen und zu klärenden Inhalt, welcher nicht der Abwägung zugänglich ist, und andererseits das „Abarbeiten" der Abwägungsdirektiven des § 1a Abs. 2 Satz 1, 2 und 4 BauGB in der Abwägung nach § 1 Abs. 7 BauGB, auch unter Einbeziehung der Umweltprüfung (§ 2 Abs. 4 BauGB).

Die die Innenentwicklung betreffenden Ziele der Raumordnung können wiederum detaillierte Vorgaben für die Bauleitplanung enthalten, die zu bestimmten Festsetzungen in den Bebauungsplänen führen müssen. Ein Bespiel hierfür ist die in einem hessischem Regionalplan festgelegte Anzahl der Wohneinheiten pro einem Hektar Bruttowohnbauland nach Unter- und Obergrenzen[7]. Diese Vorgaben für die Bauleitplanung sind unter zwei auch grundsätzlich zu betrachtenden Gesichtspunkten bedeutsam: Solche detaillierten Vorgaben für die Bauleitplanung können auch zu den hier behandelten Grundsätzen der Innenentwicklung die Frage aufwerfen, inwieweit sie

5 Vgl. ausfürlich mwN Wagner in Ernst/Zinkahn/Bielenberg/Krautzberger BauGB § 1a, Rn. 51 ff.
6 VGH Mannheim, Urt. v. 19.02.2014 – 8 S 808/12 – ZfBR 2014, 480.
7 VGH Kassel, Urt. v. 16.05.2016 – 5 S 1375/14 – ZfBR 2016 Heft 8.

nach Zeitablauf noch zeitgemäß sind. Mit der geplanten Einführung des neuen Baugebietstyps „Urbane Gebiete“ in § 6a BauNVO verbunden mit einer besonders hohen Obergrenze für das im Bebauungsplan festsetzbare Maß der baulichen Nutzung in § 17 Abs. 1 BauNVO[8] wird im Bauplanungsrecht das städtebauliche Anliegen einer hohen Baudichte zum Ausdruck gebracht; dies kann Veranlassung geben, das betreffende Ziel der Raumordnung zu überprüfen – ein Beispiel für einen Überprüfungs- und Anpassungsbedarf solcher detaillierten raumordnerischen Festlegungen. Weiter kann für die Umsetzbarkeit solcher detaillierter Festlegungen der Raumordnung von ausschlaggebender Bedeutung sein, ob und inwieweit das BauGB und die BauNVO wegen der enumerativ geregelten Festsetzungsmöglichkeiten auch Rechtsgrundlagen enthält und ob ggf. ergänzend Vereinbarungen in städtebaulichen Verträgen in Betracht kommen können.

3 Raumordnung und Einzelhandel

Die von den Ländern festgelegten Ziele der Raumordnung zum Einzelhandel haben in der Praxis weitreichende Bedeutung, und zwar als Vorgaben für die Bauleitplanung der Gemeinden im Sinne der Anpassungspflicht des § 1 Abs. 4 BauGB. Weitgehend, ggf. aber differenziert nach den landesweiten Raumordnungsplänen sind als Vorgaben anerkannt: Konzentrations-, Integrations-, Kongruenz- und Beeinträchtigungsgebote. Sie wirken sich in der Regel begrenzend auf die Bauleitplanung aus, durch die die bauplanungsrechtlichen Voraussetzungen für Einkaufszentren und andere großflächige Einzelhandelsbetriebe insbesondere durch Festsetzung von Sondergebieten nach § 11 Abs. 2 BauNVO geschaffen werden sollen. Hervorgehobene Bedeutung haben in der Planungspraxis die Auslegung der betreffenden Ziele der Raumordnung und ihre Bedeutung für die jeweilige Bauleitplanung und die Möglichkeiten der Abweichung nach § 6 Abs. 2 ROG, die unter raumordnerischen Gesichtspunkten vertretbar sein muss und die Grundzüge der Planung nicht berühren darf. Ihre die Bauleitplanung begrenzende Wirkung haben die Ziele der Raumordnung in den Fällen, in denen die jeweilige Gemeinde nicht schon durch die, allerdings der Abwägung unterliegenden Planungsgrundsätze des § 1 Abs. 3 und 6 BauGB gehindert ist, bestimmte

8 Vgl. dazu den Referentenentwurf, a. a. O., (Fn. 4), Art. 1 Nr. 2 a.

Standorte für großflächige Einzelhandelsbetriebe oder nur nach bestimmten planungsrechtlichen Maßgaben vorzusehen. Die Reichweite der raumordnerischen Vorgaben kann hierbei eine die Bauleitplanung erheblich bindende Funktion haben und dabei so detailliert sein, dass ggf. auch ergänzend zu den ohnehin nach § 11 Abs. 2 BauNVO weiten Festsetzungsmöglichkeiten[9] Vereinbarungen in städtebaulichen Verträgen (§ 11 Abs. 1 BauGB) geboten sein können, bis hin zur Berücksichtigung in Mietverträgen mit den Nutzern der Einzelhandelsflächen[10]. Auf diese Weise kommt den Zielen der Raumordnung im Sinne der hier behandelten „Abschichtung" eine die Planungsbefugnisse der Gemeinden einschränkende Funktion zu.

Dazu kann auch eine Variante der Rechtswirkungen von entsprechenden Zielen nicht unerwähnt bleiben: Die Gemeinde kann gehalten sein, bei Festsetzung eines Gewerbegebiets (§ 6 BauNVO) zugleich durch differenzierende Festsetzungen nach § 1 Abs. 5 und 9 BauNVO zentrenrelevanten Einzelhandel in Umsetzung einer regionalplanerischen Agglomerationsregelung auszuschließen[11].

Eine die Zulässigkeit von Einzelhandelsbetrieben unmittelbar einschränkende Funktion kommt den Zielen der Raumordnung hier grundsätzlich nur in den Baugebieten nach § 11 Abs. 3 BauNVO zu. Die Ziele der Raumordnung können namentlich Bedeutung haben bei Überschreitung der sog. Vermutungsregel – Größe von 1.200 qm Geschossfläche –, nämlich in Fällen einer abweichenden Beurteilung zu Gunsten solcher Einzelhandelsbetriebe, die als sog. Vollsortimenter an Standorten mit nicht ausreichender Versorgung für den eher kurzfristigen Bedarf, aber außerhalb eines fehlenden Grund- und Nahversorgungszentrums errichtet werden sollen. In solchen Fällen kommt es auf eine abweichende Beurteilung nach § 11 Abs. 3 Satz 4 BauNVO[12] oder auf die Aufstellung eines Bebauungsplans mit Festsetzung eines Sondergebiets oder eines vorhabenbezogenen Bebauungsplans an. In

---

9 Vgl. Verf. in Ernst/Zinkahn/Bielenberg/Krautzberger, BauNVO, § 11, Rn.83 ff. m. w. N. zur Rechtsprechung

10 Näher dazu Discher/Lippert, Umsetzung raumordnerischer Vorgaben in FOC – Mietverträgen, ZfBR 2016, 651.

11 BVerwG, Urt. v. 10.11.2011 – 4 CN 9.10 – BVerwGE 141, 144.

12 Näher dazu Verf. in Ernst/Zinkahn/Bielenberg/Krautzberger, a. a. O., (Fn. 9), § 11, Rn. 29 ff.

diesen Fällen kann Bedeutung haben, ob die Ziele der Raumordnung solche Beurteilungen und Planungen nicht ausschließen, auch wenn sie vorrangig auf die Errichtung von Einzelhandelsbetrieben in zentralen Versorgungsbereichen ausgerichtet sind[13].

4 Verlagerung der Konfliktbewältigung auf die Bauleitplanung

Durch Ziele der Raumordnung können bestimmte Flächen für bestimmte Nutzungen vorgesehen werden, im Rahmen von Festlegungen zur Raumstruktur (§ 8 Abs. 5 ROG) oder von Vorranggebieten (§ 8 Abs. 7 Satz 1 Nr. 7 ROG); dabei ist nach § 7 Abs. 2 Satz 1 ROG „abschließend abzuwägen". Da an solche Ziele der Raumordnung die Bauleitplanung nach § 1 Abs. 4 BauGB – unter Berücksichtigung des jeweiligen Inhalts des Ziels – gebunden ist, stellt sich die Frage, inwieweit damit auch die Anforderungen des Abwägungsgebots auf der Ebene der Raumordnungsplanung (§ 7 Abs. 2 Satz 1 ROG) einerseits und der Bauleitplanung (§ 1 Abs. 7 BauGB) andererseits „abgeschichtet" behandelt werden können.

Allgemein ist zu berücksichtigen, dass der Planungsträger der Raumordnung angesichts der Aufgabe der Raumordnung als einer zusammenfassenden, übergeordneten Planung, ihrer weiträumigen Sichtweise und ihres Rahmencharakters im Zuge des Abwägungsvorgangs die Befugnis zur Typisierung hat, das Abwägungsmaterial also nicht so kleinteilig zusammengestellt zu werden braucht wie auf den nachgeordneten Planungsebenen[14]. Daraus lässt sich der Grundsatz ableiten, dass im Rahmen der Konkretisierung der Ziele der Raumordnung in der Bauleitplanung die Abwägung nach § 1 Abs. 7 BauGB in durchaus relevantem Umfang Bedeutung hat.

Nach den vor allem zu § 1 Abs. 7 BauGB entwickelten Grundsätzen ist in der Rechtsprechung anerkannt, im Verhältnis von Flächennutzungsplan und Bebauungsplan zu den Genehmigungsverfahren eine Lösung von durch die Planung aufgeworfenen Fragen den jeweils nachfolgenden Verfahren zu

13 Zu dieser Thematik s. OVG Münster, Urt. v. 02.12.2013 – 2 A 1510.12 – NVwZ-RR 2014, 453.

14 BVerwG, Beschl. v. 10.02.2016 – 4 BN 37.15 – ZfBR 2016, 376.

überlassen[15]. Dabei kann nicht unberücksichtigt bleiben, dass die förmliche Umweltprüfung nach § 2 Abs. 4 BauGB allerdings tendenziell dazu führt, durch Auswirkungen der Planung auf die Umwelt entstehende Konflikte auch durch Festsetzungen im Bebauungsplan zu lösen.

Die zu § 1 Abs. 7 BauGB geltenden Grundsätze des zulässigen „Konflikttransfers" hat das BVerwG[16] auf die Raumordnungsplanung übertragen. Danach ist eine Lösung von Konflikten auf das der Raumordnungsplanung nachfolgende Bauleitplanverfahren (Flächennutzungsplan und / oder Bebauungsplan) oder Genehmigungsverfahren möglich. Dafür müssen die durch die Raumordnungsplanung aufgeworfenen und dort nicht gelösten Fragen sachgerecht durch Bauleitplanung oder im Genehmigungsverfahren lösbar sein. Insofern ist also eine Abschichtung von Raumordnung und Bauleitplanung im Rahmen der Abwägung möglich.

Die zitierte Entscheidung des BVerwG ist vorrangig zur Frage der Zulässigkeit eines Konflikttransfers ergangen; das Ziel der Raumordnung war wegen des zulässigen Konflikttransfers nicht fehlerhaft und damit wirksam. Mit Blick auf die Rechtswirkungen des betreffenden Ziels (§ 1 Abs. 4, § 35 Abs. 3 Satz 2 und 3 BauGB) ergeben sich weitere Fragen, die hier nur angesprochen werden sollen. Dazu gehört die Frage der Notwendigkeit der Bauleitplanung (Flächennutzungsplan und/oder Bebauungsplan), weil nur dort eine auch aus der Sicht der Raumordnung gebotene planerische Lösung möglich ist, sowie die Frage nach den Folgen einer fehlenden Bauleitplanung. Eine weitere Frage bezieht sich auf die Feststellbarkeit der Abwägungsentscheidung der Raumordnungsplanung bezogen auf die jeweils betroffenen, verschiedenen öffentlichen und privaten Belange, als Ausgangslage für die nach § 1 Abs. 7 BauGB erfolgende Abwägungsentscheidung.

5 Abschichtung bei der Berücksichtigung privater Belange

§ 7 Abs. 2 Satz 1 ROG verlangt eine, bei Zielen der Raumordnung abschließende Abwägung der öffentlichen und privaten Belange, soweit sie auf der jeweiligen Planungsebene erkennbar und von Bedeutung sind.

---

15 Vgl. allgemein dazu Verf. in Ernst/Zinkahn/Bielenberg/Krautzberger, BauGB, § 1, Rn. 215 ff.

16 BVerwG, Beschl. v. 24.03.2016 – 4 BN 42.15 – ZfBR 2016, 477.

Dem dienen (auch) die Vorschriften des § 10 ROG zur Beteiligung bei der Aufstellung von Raumordnungsplänen, die die Beteiligung Privater (Öffentlichkeit) einschließt. Grundsätzlich gleiche Anforderungen enthalten die Vorschriften für die Aufstellung der Bauleitpläne (§§ 2 ff. BauGB). Zur Bedeutung des Abwägungsgebots für das hier behandelte Verhältnis der Raumordnung zur Bauleitplanung unter dem Gesichtspunkt der Abschichtung und die Berücksichtigung privater Belange sind die Unterschiede zu beachten, die sich aus der Raumordnungsplanung ergeben.

Wie bei der Bauleitplanung auch, kommt es zunächst darauf an, ob und inwieweit vom jeweiligen Planungsziel überhaupt private Belange berührt sind. Dies zu verneinen kann z. B. bei Festlegungen zur Raumstruktur (§ 8 Abs. 5 Satz 1 Nr. 1 ROG) der Fall sein. Private Belange können ggf. bei Festlegungen in Betracht kommen, die die Nutzung von Flächen betreffen. Dabei kann zu unterscheiden sein zwischen der mittelbaren Wirkung vermittelt durch Bauleitpläne, die in Anpassung an die Ziele der Raumordnung (§ 1 Abs. 4 BauGB) durch Darstellungen und Festsetzungen die bauliche und sonstige Nutzung der Grundstücke bestimmen; Schutzwirkungen zu Gunsten privater Grundstückseigentümer gegen raumplanerische Festlegungen im Sinne des § 47 Abs. 2 Satz 1 VwGO verneinend das BVerwG[17]. Ziele der Raumordnung können sich aber auch unmittelbar auf die Zulässigkeit von Vorhaben auswirken. Dies kann nach den Vorschriften über die Zulässigkeit von Vorhaben (§§ 30 ff. BauGB) bei Vorhaben im Außenbereich nach § 35 Abs. 3 Satz 2 und 3 BauGB in Betracht kommen (vgl. auch unten 7 und 8)[18]. Insbesondere in solchen Fällen ist die Frage zu beantworten, inwieweit private Belange bei Aufstellung der Ziele der Raumordnung zu behandeln sind.

Es entspricht inzwischen der Rechtsprechung, dass private Belange „nur in einer pauschalen, typisierenden Art und Weise als Gruppenbelange“ in die Abwägung nach § 7 Abs. 2 Satz 1 ROG einzubeziehen sind[19]. Daran schließt sich für die hier behandelte „Abschichtung“ die Frage an, inwieweit die bei

---

17 BVerwG, Beschl. v. 30.08.2016 – 4 BN 10.16 – Juris.

18 In Gebieten nach §§ 30 und 34 BauGB haben Ziele der Raumordnung grundsätzlich (Ausnahme insbesondere § 11 Abs. 3 BauNVO, s. oben zu 3) keine unmittelbare Rechtswirkungen auf die Zulässigkeit von Vorhaben; sie bedürfen insofern der Umsetzung durch Bebauungsplanung.

19 BVerwG, a. a. O., (Fn. 16), ZfBR 2016, 477.

der Aufstellung der Ziele der Raumordnung erfolgte Abwägung solcher privater Belange als für die bauleitplanerische Abwägung nach § 1 Abs. 7 BauGB vorgegeben ist und inwieweit (noch) Verpflichtungen aus § 1 Abs. 7 BauGB bestehen. Die Antwort dürfte schon deswegen nicht generalisierend möglich sein, weil die Behandlung der privaten Belange je nach Inhalt des Ziels der Raumordnung (z. B. in landesweiten Raumordnungsplänen oder in Regionalplänen festgelegte „allgemeine“ oder auf bestimmte Flächen bezogene „konkrete“ Ziele) verschieden sein dürfte. Auch werden die diesbezüglichen Begründungen zu den Raumordnungsplänen (§ 7 Abs. 5 ROG) und ggf. sonstigen Planunterlagen Aufschlüsse geben. Mit Rücksicht auf die Anpassungspflicht an die Ziele der Raumordnung werden die privaten Belange, soweit sie in der genannten Weise in die Abwägungsentscheidung der Raumordnung einbezogen worden sind, nicht wieder Gegenstand der Abwägung nach § 1 Abs. 7 BauGB sein können, weil sonst eine Umgehung der Anpassungspflicht eintreten könnte. Ausgenommen sein dürften solche privaten Belange, die einer „pauschalen, typisierenden Art und Weise als Gruppenbelange“ von vornherein nicht zugänglich sind, wie z. B. die Berücksichtigung der unterschiedlichen Investitionsbelange jeweils betroffener Betriebe.

Eine besondere Ausprägung können diese Fragen haben, wenn sich die Ziele der Raumordnung unmittelbar auf die Zulässigkeit von Vorhaben im Außenbereich nach § 35 Abs. 3 Satz 2 und 3 BauGB auswirken (näher dazu 7 und 8). Die Berücksichtigung von „Gruppenbelangen“ kann hier mit Rücksicht auf die Rechtswirkungen solcher Ziele der Raumordnung weitreichend, aber nicht von vornherein in jeder Beziehung abschließend sein. Unterschiede können sich dabei aus den verschiedenen raumbedeutsamen privilegiert zulässigen Vorhaben im Sinne des § 35 Abs. 1 BauGB ergeben, auf die sich die Ziele der Raumordnung auswirken. Wirken sich z. B. festzulegende Vorranggebiete auf vorhandene Betriebe (etwa nach § 35 Abs. 1 Nr. 1 BauGB) unmittelbar aus, kann dies eher konkrete Ermittlungen der Investitionsbelange dieser Betriebe erfordern als bei solchen Vorranggebieten, in denen Betriebe nicht vorhanden sind (etwa bei Windenergieanlagen, die im Planungsraum noch nicht vorhanden sind)[20]. Je nach dem betreffenden

20 Vgl. z. B. VGH Mannheim Urt. v. 04.02.2016 – 8 S 1477/15 –: keine pauschale, typisierende Berücksichtigung, wenn sich eine spezifische Betroffenheit privater Belange eines Einzelnen aufdrängt.

Ziel der Raumordnung kann die Betroffenheit privater Belange auch die Antragsbefugnis nach § 47 Abs. 2 VwGO begründen[21].

6 Abschichtung bei der Umweltprüfung

Die Möglichkeiten der „Abschichtung" von Teilen der Umweltprüfung auf der Ebene der Raumordnung und der Bauleitplanung sind in den hier einschlägigen Vorschriften von § 9 Abs. 1 und 3 ROG und von § 2 Abs. 4 Satz 5 BauGB ausdrücklich geregelt. Die Abschichtung kann Bedeutung erlangen bei parallel laufenden oder in absehbarer Zeit nachfolgenden Bauleitplanungen, mit denen z. B. die Ziele der Raumordnung städtebaurechtlich verbindlich gemacht oder konkretisiert werden. Wesentlich ist, dass die Ergebnisse der Umweltprüfungen für die jeweilige Bauleitplanung von Bedeutung und noch aktuell oder sonst noch verwertbar sind. Dabei gilt es auch, eventuelle Mängel der Umweltprüfung nicht in die nachfolgende Bauleitplanung „mitzunehmen".

7 Erhöhte Bedeutung von Vorranggebieten der Raumordnung

Für die Abschichtung von Raumordnung und Bauleitplanung kann die neue Rechtsprechung des BVerwG[22] zur Bedeutung von als Ziel der Raumordnung festgelegten Vorranggebieten gegenüber Vorhaben im Außenbereich gem. § 35 Abs. 3 Satz 2 Halbs. 1 BauGB Bedeutung haben. Nach dieser Rechtsprechung ist ein nach § 35 Abs. 1 BauGB im Außenbereich an sich privilegiert zulässiges Vorhaben unzulässig, wenn es im Widerspruch zu einem Ziel der Raumordnung steht. Die zuvor vom BVerwG verlangte „nachvollziehbare Abwägung zwischen Privilegierung und Ziel der Raumordnung" ist entfallen. Dies wirkt sich auch auf die Bauleitplanung aus. Denn die planungsrechtliche Zulässigkeit kann in solchen Fällen nur durch Aufstellung von Bebauungsplänen erreicht werden, die wiederum die jeweilige Reichweite der Anpassungspflichten nach § 1 Abs. 4 BauGB zu beachten hätte, ggf. unter Berücksichtigung in Betracht kommender Abweichungsverfahren oder auch Änderung von Zielen der Raumordnung.

---

21 BVerwG Urt. v. 16.04.2015 – 4 CN 6.14 – BVerwGE 152, 49.
22 Ebenda, 49.

8 Zu Sonderfragen zum Verhältnis von Raumordnungsplanung zur Bauleitplanung nach § 35 Abs. 3 Satz 3 BauGB

Die Steuerung von nach § 35 Abs. 1 Nr. 2 bis 6 BauGB im Außenbereich privilegiert zulässiger Vorhaben auf der Grundlage des § 35 Abs. 3 Satz 3 BauGB (Stichwort: Konzentrationsplanung) ist dadurch möglich, dass für die genannten privilegierten Vorhaben eine Ausweisung an anderer Stelle erfolgt, und zwar durch Ziele der Raumordnung und Darstellungen im Flächennutzungsplan. Die Abschichtung von Raumordnung und Bauleitplanung wirft hier spezifische Fragen auf, zumal das BauGB zum Verhältnis beider Planungsebenen zueinander in § 35 Abs. 3 Satz 3 BauGB keine Regelungen enthält.

Ausgehend von der Anpassungspflicht, aber unter Berücksichtigung des sog. Gegenstromprinzips (§ 2 Abs. 3 ROG) hat die frühzeitige Klärung zwischen der für die Raumordnungsplanung zuständigen Stellen mit den Gemeinden als für die Bauleitplanung zuständigen Stellen im Sinne einer von beiden Seiten mitgetragenen Planung besondere Bedeutung. Abgrenzungsfragen lassen sich beantworten durch den Grundsatz, dass die Bauleitplanung die Vorgaben der Ziele der Raumordnung im Rahmen des Anpassungsgebots des § 1 Abs. 4 BauGB „konkretisieren", nicht aber „konterkarieren" kann. Dabei kann auch zu berücksichtigen sein, dass im Rahmen der Bauleitplanung weitergehende Regelungsmöglichkeiten zur planungsrechtlichen Zulässigkeit von Vorhaben vorgesehen werden können. Speziell zu Windenergieanlagen sind nur in den Bauleitplänen Bestimmungen zum sog. Repowering von Windenergieanlagen möglich (§ 249 Abs. 2 BauGB).

Zusätzliche Fragen lassen sich an Hand aktueller Rechtsprechung erläutern: Nach dem BVerwG[23] kann es im Rahmen von Zielen der Raumordnung zulässig sein, zur Berücksichtigung privater Belange (von Bewohnern benachbarter Siedlungen) und von Belangen des Denkmalschutzes Mindestabstände der Standorte für die Windenergie von 500 m zu Wohnnutzungen im Außenbereich festzulegen. Solche Festlegungen können das Ergebnis des vom BVerwG verlangten „Plankonzepts für den Außenbereich" sein, das unterscheidet zwischen den zu ermittelnden harten Tabuzonen (in ihnen ist

---

23 BVerwG, a. a. O., (Fn. 16), ZfBR 2016, 477.

z. B. aus Gründen des sich aus der TA Lärm ergebenden Lärmschutzes oder des Denkmalschutzes die Errichtung von Windenergieanlagen unzulässig) und weichen Tabuzonen (in ihnen soll nach dem planerischen Willen des Trägers der Regionalplanung oder der Gemeinde die Errichtung von Windenergieanlagen nicht zulässig sein). Das BVerwG kann danach also nicht dahin missverstanden werden, es könnte unabhängig von den jeweiligen Gegebenheiten und dem darauf zu beziehenden Plankonzept stets pauschal ein Abstand von 500 m zur Berücksichtigung von Lärmschutz und Denkmalschutz festgelegt werden. Eine weitere Frage könnte sich stellen, wenn die Gemeinde bei „Konkretisierung" der Ziele der Raumordnung durch Bauleitplanung, also in Anpassung nach § 1 Abs. 4 BauGB, bezüglich der Abstände andere, etwa geringere Abstände verfolgt. Dies ist in der Regel wegen der insoweit nicht disponiblen Vorgabe der Regionalplanung nicht möglich; die „Abschichtung" ist zu Gunsten der Raumordnung erfolgt.

Nach dem OVG Lüneburg[24] sind bei einer Flächennutzungsplanung im Sinne des § 35 Abs. 3 Satz 3 BauGB die durch Ziele festgelegten Vorranggebiete für Natur und Landschaft nicht ohne weiteres als harte Tabuzonen einzuordnen. Es sei keine „pauschale" Einordnung möglich, sondern erforderlich sei eine nähere Betrachtung der jeweiligen Ausprägung von Natur und Landschaft, namentlich der dort beheimateten Flora und Fauna sowie der Schönheit des Landschaftsbildes, ob eine Unvereinbarkeit mit der Windenergienutzug vorliege. Im entschieden Fall war die Abschichtung zwischen Raumordnung und Bauleitplanung nicht eindeutig; als erforderlich gehalten wurde außerhalb der Raumordnungsplanung eine gesonderte, einzelfallbezogene Prüfung.

Dies wirkt sich zudem auf das für eine Steuerung nach § 35 Abs. 3 Satz 3 BauGB zu verlangende Plankonzept für den Außenbereich aus; denn die Steuerung hängt entscheidend von der Ermittlung von harten Tabuzonen ab. Die zutreffende Beantwortung der Frage, ob ein Ziel der Raumordnung als harte Tabuzone zu behandeln ist, ist Voraussetzung für die Wirksamkeit der Flächennutzungsplanung. Auch für die oben zu 7. behandelte erhöhte Bedeutung der Zulässigkeit nach § 35 Abs. 3 Satz 2 Halbs. 1 BauGB ist die inhaltliche Reichweite der Vorranggebietsfestlegung entscheidend.

---

24 OVG Lüneburg Urt. v. 23.06.2016 – 12 KN 64.14 – ZfBR 2016, 689.

Das OVG Lüneburg verlangt aber für die Steuerung nach § 35 Abs. 3 Satz 3 BauGB eine eingehende und unter Berücksichtigung der örtlichen Verhältnisse erfolgende Prüfung der Frage, ob das Vorranggebiet für Natur und Landschaft nicht doch für die Windenergienutzung in Betracht kommen könnte. Daraus könnte der Schluss gezogen werden, dass die Ermittlung einer harten Tabuzone weitergehende Prüfungen voraussetzen kann, als sie bei den Prüfungen zur „Ausweisung", also der Festlegung von Standorten für die Windenergie durch Ziele der Raumordnung erforderlich sind. Denn nach der Rechtsprechung des BVerwG (s. oben zu 4) ist auch bei Zielen der Raumordnung im Sinne des § 35 Abs. 3 Satz 3 BauGB ein Konflikttransfer auf die nachfolgende Bauleitplanung oder Genehmigung zulässig. Es wären grundsätzliche Fragen nach der Praktikabilität und rechtssicheren Handhabbarkeit aufgeworfen, wenn für die Ermittlung des von der Rechtsprechung verlangten Plankonzepts für die Windenergie – hier die Ermittlung der harten Tabuzonen – mehr Prüfungen verlangt werden als bei der Ausweisung (Darstellung) von Flächen für die Windenergie, weil dort Einzelheiten dem nachfolgenden Verfahren (Genehmigungsverfahren, ggg. auch Bebauungsplanverfahren) vorbehalten werden können.

Alexander Schink

Die naturschutzrechtliche Eingriffsregelung in der Vorhabenzulassung und der Bauleitplanung – Gemeinsamkeiten und Unterschiede

Abstract: Der Beitrag beschäftigt sich mit der naturschutzrechtlichen und bauleitplanerischen Eingriffsregelung. Und geht dabei auf deren Gemeinsamkeiten und Unterschiede ein.

This article informs about the impact mitigation regulation according to sec. 13–18 BNatSchG (Federal Law on Nature Protection) as well as those, which refers to sec. 1a par. 3, sec. 201 BauGB (Federal Building Code) and outlines the similarities and distinctions.

1 Einleitung

Die naturschutzrechtliche Eingriffsregelung wird gemeinhin als ein grundlegendes und zen-trales Instrument des modernen Naturschutzrechts angesehen.[1] Sie zielt darauf ab, den Status Quo von Natur und Landschaft zu erhalten, indem Eingriffe in Natur und Landschaft vorrangig vermieden und – sollte dies nicht möglich sein – kompensiert werden müssen. Eine finanzielle Ausgleichsleistung in Form einer Ersatzzahlung ist gemäß § 13 BNatSchG nur dann möglich und zulässig, wenn nicht vermeidbare erhebliche Beeinträchtigungen durch Ausgleichs- und Ersatzmaßnahmen nicht kompensiert werden können. Vorrang hat die Realkompensation.[2] Neben den naturschutzrechtlichen Schutzinstrumenten des europäischen und nationalen Rechts ist die Eingriffsregelung weiterhin von grundlegender

1 Guckelberger, in: Frenz/Müggenborg, BNatSchG, 2. Aufl. 2016, § 13 Rn. 7; Lau, Der Naturschutz in der Bauleitplanung, 2011, Rn. 237; ders., Die naturschutzrechtliche Eingriffsregelung, NuR 2011, 680, 681; Lütkes, in Lütkes/Ewer, BNatSchG, 2011, § 13, Rn. 1; Schink, Die naturschutzrechtliche Eingriffsregelung in der Bauleitplanung – Arten von Kompensationsmaßnahmen und ihre Sicherung, NuR 2016, 441.

2 Guckelberger, (Fn. 1), § 13, Rn. 8.

Bedeutung für den flächenhaften Schutz des Naturhaushalts: Sie ist bei der Vorhabenzulassung anzuwenden; erreicht wird auf diese Weise ein flächenhafter Mindestschutz,[3] der vor allem das Ziel verfolgt, eine Verschlechterung des Zustandes von Natur und Landschaft als Folge der Vorhabenzulassung in der gesamten Fläche und damit einer wesentlichen Ursache des Arten- und Biotoprückgangs entgegenzuwirken. Angestrebt wird, zumindest einen gleichartigen Zustand von Natur und Landschaft zu erhalten. Die naturschutzrechtliche Eingriffsregelung stellt deshalb ein Kernstück modernen Umweltschutzrechts dar.[4] Das hierin verankerte Verursacher- und Folgenbewältigungsprinzip gewährleistet, dass die Sicherung der biologischen Vielfalt, der Leistungs- und Funktionsfähigkeit des Naturhaushalts und der Vielfalt, Eigenart und Schönheit sowie des Erholungswertes von Natur und Landschaft auf Dauer gesichert werden können.[5]

Die naturschutzrechtliche Eingriffsregelung ist seit ihrer Einfügung in das BNatSchG im Jahre 1976 im Grundsatz wenig verändert worden.[6] Davon gibt es allerdings eine Ausnahme: 1993 hat der Bundesgesetzgeber durch das Investitionserleichterungs- und Wohnbaulandgesetz die naturschutzrechtliche Eingriffsregelung in die Bauleitplanung integriert.[7] Diese Integration hat er durch das Bau- und Raumordnungsgesetz 1998[8] fortgeführt.[9]

---

3 Scheidler, Die naturschutzrechtliche Eingriffsregelung im BNatSchG, UPR 2010, 134, 135; Wilrich, in: Marzik/Wilrich, BNatSchG, 2004, vor § 18, Rn. 1.

4 Fischer-Hüftle, in: Schumacher/Fischer-Hüftle, BNatSchG, 2. Aufl. 2010, vor §§ 13 bis 19 Rn. 1; Gassner/Heugel, Das neue Naturschutzrecht, 2010, Rn. 242; Guckelberger, (Fn. 1), § 13 Rn. 4; Koch, in: Kerkmann, Naturschutzrecht in der Praxis, 2. Aufl. 2010, § 4, Rn. 2; Meßerschmidt, Naturschutzrecht, Stand: 104. Lfg., Juni 2011, vor §§ 13 bis 19 BNatSchG, Rn. 4.

5 BT-Drs. 16/12274, S. 56.

6 Zur Entwicklung der Eingriffsregelung: Wolf, Entwicklungslinien der Eingriffsregelung, NuR 2004, 6 ff.; Louis, Die Entwicklung der Eingriffsregelung, NuR 2007, 94.

7 Investitionserleichterungs- und Wohnbaulandgesetz vom 22.04.1993, BGBl I S. 466.

8 Gesetz zur Änderung des Baugesetzbuches und zur Neuregelung des Rechts der Raumordnung (Bau- und Raumordnungsgesetz 1998 – BauROG) v. 18.08.1997, BGBl I S. 2081.

9 Zur Entwicklung der Eingriffsregelung in der Bauleitplanung: Louis, NuR 2007(Fn. 6), 94; Mitschang, in: Schlichter/Stich/Driehaus/Peatow, Berliner Kommentar zum BauGB, Stand: 28. Lfg., Juli 2014, § 1 a, Rn. 158 ff.

Im Geltungsbereich eines Bebauungsplans werden die Anforderungen der naturschutzrechtlichen Eingriffsregelung nicht mehr in der Vorhabenzulassung, sondern bereits bei der Aufstellung des Bauleitplans abgearbeitet. Nach § 1a Abs. 3 BauGB ist über die Vermeidung und den Ausgleich von Eingriffen im Rahmen der Abwägung nach § 1 Abs. 7 BauGB nach der „Eingriffsregelung nach dem Bundesnaturschutzgesetz" zu entscheiden. § 18 Abs. 1 BNatSchG schließt hierfür die Anwendung des BNatSchG weitgehend aus: Sind auf Grund der Aufstellung, Änderung, Ergänzung oder Aufhebung von Bauleitplänen Eingriffe in Natur und Landschaft zu erwarten, ist über die Vermeidung, den Ausgleich und den Ersatz nach dieser Regelung ausschließlich nach den Vorschriften des BauGB zu entscheiden. Zweck der städtebaulichen Eingriffsregelung ist es, die Eingriffsregelung auf die planerische Ebene zu heben und entsprechend dem umweltrechtlichen Vorsorgeprinzip möglichst frühzeitig zur Anwendung zu bringen. Bauleitpläne sind die planungsrechtliche Grundlage für die Zulassung von Bauvorhaben und damit für potentiell Natur und Landschaft schädigende und flächenbeanspruchende Maßnahmen. Soll das Ziel, Natur und Landschaft zu erhalten und schädigende Eingriffe zu verhindern oder jedenfalls in mindestens gleichwertiger Weise zu kompensieren, erreicht werden, ist dies auf der Ebene der bauleitplanerischen Festsetzungen eher als bei der Zulassung einzelner Bauvorhaben möglich. Die Integration der Eingriffsregelung in die Bauleitplanung ermöglicht es, das Vermeidungs- und Kompensationsziel planerisch zu bewältigen, die zur Wiederherstellung eines gleichwertigen Zustandes von Natur und Landschaft erforderlichen Maßnahmen vom einzelnen Eingriff zu lösen und ggf. räumlich im Sinne einer verbesserten Funktionsfähigkeit der Kompensationsmaßnahme zu konzentrieren und auf diese Weise bessere Ergebnisse für die Erhaltung des Status Quo von Natur und Landschaft zu erzielen, als dies durch eine Anwendung der Eingriffsregelung im Baugenehmigungsverfahren der Fall wäre.[10]

Im Folgenden soll die naturschutzrechtliche Eingriffsregelung nach §§ 13 bis 18 BNatSchG mit der bauleitplanerischen Eingriffsregelung in § 18 Abs. 1 BNatSchG, §§ 1a Abs. 3, 201 BauGB verglichen werden. Unterschiede und Gemeinsamkeiten sollen herausgearbeitet werden. Nach

---

10 Schink, NuR 2016 (Fn. 1), 441.

Klärung des Anwendungsbereichs (dazu 2.) soll zunächst auf den rechtlichen Stellenwert der Eingriffsregelung im jeweiligen Anwendungsbereich eingegangen werden (dazu 3.). Im Anschluss daran werden der Eingriffstatbestand und die Bewertung der Eingriffsfolgen (4.), ihre Bewältigung durch das Vermeidungs- und Kompensationsgebot (5.) sowie das Verfahren (6.) behandelt. Der Beitrag schließt mit einem kurzen Fazit (7.).

2 Anwendungsbereich

Die naturschutzrechtliche Eingriffsregelung der §§ 13 ff. BNatSchG ist anzuwenden auf die Vorhabenzulassung. Das ergibt sich aus der Begriffsbestimmung des Eingriffstatbestandes in § 14 Abs. 1 BNatSchG. Eine Veränderung der Gestalt oder Nutzung von Grundflächen oder Veränderungen des mit der belebten Bodenschicht in Verbindung stehenden Grundwasserspiegels, die die Leistungs- und Funktionsfähigkeit des Naturhaushaltes oder des Landschaftsbildes erheblich beeinträchtigen können, sind nur durch die Realisierung ganz konkreter Vorhaben möglich.[11] Auf Planungsverfahren findet die naturschutzrechtliche Eingriffsregelung der §§ 13 ff. BNatSchG deshalb keine Anwendung.[12]

Voraussetzung für die Anwendbarkeit der naturschutzrechtlichen Eingriffsregelung ist grundsätzlich, dass die Zulassung eines Vorhabens in einem Planfeststellungs- oder Genehmigungsverfahren erfolgt. Wie aus § 17 Abs. 1 BNatSchG folgt, ist dann die Anwendung der naturschutzrechtlichen Eingriffsregelung im sogenannten „Huckepackverfahren" in die jeweilige Zulassungsentscheidung integriert.[13] Ist eine behördliche Zulassung erforderlich, zu der vor allem Bewilligungen, Erlaubnisse, Genehmigungen, Zustimmungen, Planfeststellungen und Plangenehmigungen und sonstige behördliche

---

11 So mit Recht: Walhäuser, Bindungswirkung versus Konzentrationswirkung: Zur fehlenden Entscheidungskonzentration der Bundesfachplanung nach § 4 ff. NABEG und ihres Auswirkungen auf die etwa erforderliche FFH-Verträglichkeitsprüfung bzw. die Erteilung von Abweichungen, Ausnahmen, Befreiungen im Naturschutzrecht, UPR 2013, 427, 430.

12 Dazu Wahlhäuser, (Fn. 11), 427, 430 für die Bundesfachplanung gemäß §§ 4 ff. NABEG.

13 Dazu Lütkes, a. a. O., (Fn. 1), § 17, Rn. 3; Siegel, a. a. O., (Fn. 1), § 17, Rn. 4; Mühlbauer, in: Lorz/Konrad/Mühlbauer/Müller-Walter/Stöckel, Naturschutzrecht, 3. Aufl. 2013, § 17, Rn. 1.

Zulassungsentscheidungen gehören, ist die Eingriffsregelung in diesen Zulassungsverfahren abzuarbeiten.[14] Das gilt auch, wenn lediglich ein Anzeigeverfahren durchgeführt werden muss (§ 17 Abs. 1 BNatSchG). Dann ist im Anzeigeverfahren bei der Überprüfung der Genehmigungsfähigkeit des Vorhabens zu prüfen, ob in der Anzeige die Anforderungen der naturschutzrechtlichen Eingriffsregelung der §§ 13 ff. BNatSchG abgearbeitet und berücksichtigt sind. Bei gestuften Genehmigungsverfahren ist die Eingriffsregelung abzuarbeiten auf der Stufe, auf der die Beeinträchtigung endgültig zugelassen wird, es sei denn, auf vorausgehenden Stufen werden außenwirksame Entscheidungen über Veränderungen der Gestalt oder Nutzung der Grundflächen im Sinne des § 14 Abs. 1 BNatSchG zugelassen. Dies kann insbesondere bei Teilgenehmigungen oder Vorbescheiden der Fall sein.[15] Liegt ein Eingriff vor, der keiner behördlichen Zulassung oder Anzeige nach anderen Rechtsvorschriften bedarf, statuiert § 17 Abs. 3 BNatSchG eine subsidiäre Eingriffsgenehmigung.[16]

Aus dem Vorstehenden ergibt sich, dass die naturschutzrechtliche Eingriffsregelung auf Planungsverfahren – wie die Bauleitplanung – grundsätzlich nicht anwendbar ist.[17] Sie kommt vielmehr nur bei der Vorhabenzulassung zum Tragen. Für die Bauleitplanung wurde dies – wie ausgeführt – als unzureichend empfunden. Neben die naturschutzrechtliche Eingriffsregelung der §§ 13 ff. BNatSchG wurde in § 18 BNatSchG, §§ 1 a Abs. 3, 201 BauGB deshalb eine städtebauliche Eingriffsregelung gestellt. Die Anwendungsbereiche der städtebaulichen Eingriffsregelung und der naturschutzrechtlichen Eingriffsregelung werden in § 18 Abs. 1, 2 BNatSchG strikt voneinander unterschieden. Der Anwendungsbereich der naturschutzrechtlichen Eingriffsregelung betrifft gemäß § 18 Abs. 2 S. 2 BNatSchG Bauvorhaben im Außenbereich, während die städtebauliche Eingriffsregelung Anwendung für die Zulassung von Vorhaben im beplanten Innenbereich sowie während der Planaufstellung nach den §§ 30 und 33 BauGB findet.[18] Dasselbe gilt für Vorhaben, die auf der Grundlage von Ergänzungssatzungen nach § 34 Abs. 4 S. 1 Nr. 3 BauGB zugelassen

14 Übersicht über relevante Zulassungsentscheidungen im Rahmen des § 17 Abs. 3 BNatSchG bei Mühlbauer, a. a. O., (Fn. 13), § 17 Rn. 2 ff.

15 Siegel, (Fn. 1), § 17, Rn. 9; Meßerschmidt, (Fn. 4), § 17, Rn. 26.

16 Zu dieser Siegel, a. a. O., (Fn. 1), § 17, Rn. 34 f.; Lütkes, a. a. O., (Fn. 1), § 17, Rn. 20; Mühlbauer, a. a. O., (Fn. 13), § 17, Rn. 28.

17 Dazu oben zu Fn. 12.

18 Dazu Lütkes, a. a. O., (Fn. 1), § 14, Rn. 3.

werden, wenn einzelnen Außenbereichsflächen in die im Zusammenhang bebauten Ortsteile einbezogen werden, weil die einbezogenen Flächen durch ihre bauliche Nutzung des angrenzenden Bereichs bereits geprägt sind.[19] Im unbeplanten Innenbereich nach § 34 BauGB findet die Eingriffsregelung keine Anwendung. Die Zulassung von Bauvorhaben im Geltungsbereich eines Bauleitplans sowie im unbeplanten Innenbereich ist danach von der Anwendung der naturschutzrechtlichen Eingriffsregelung (weitgehend) freigestellt.

Die Anwendung der Eingriffsregelung erfolgt für diese Vorhaben vielmehr in der Bauleitplanung. Nach § 18 Abs. 1 BNatSchG findet die städtebauliche Eingriffsregelung Anwendung, wenn auf Grund der Aufstellung, Änderung, Ergänzung oder Aufhebung von Bauleitplänen oder von Satzungen nach § 34 Abs. 4 S. 1 Nr. 3 BauGB Eingriffe in Natur und Landschaft zu erwarten sind; dann ist über die Vermeidung, den Ausgleich und den Ersatz nach den Vorschriften des BauGB zu entscheiden. Folge dieser Regelung ist, dass auf die städtebauliche Eingriffsregelung grundsätzlich die Regelungen des BauGB Anwendung finden. Die für die naturschutzrechtliche Eingriffsregelung nach dem BNatSchG geltenden Vorschriften sind nur dann heranzuziehen, wenn die Regelung der städtebaulichen Eingriffsregelung im BauGB lückenhaft ist. Das gilt z. B. für den Eingriffstatbestand, sodass für die Feststellung, ob auf der Grundlage eines Bauleitplans Eingriffe in Natur und Landschaft zu erwarten sind, die Eingriffsdefinition des § 14 Abs. 1 BNatSchG heranzuziehen ist.[20] Sämtliche Vorgaben für die städtebauliche Eingriffsregelung finden sich im BauGB, wie aus § 18 BauGB folgt.[21] Das Folgenbewältigungsprogramm der naturschutzrechtlichen Eingriffsregelung ist infolge dessen in der bauleitplanerischen Abwägung nach § 1 Abs. 7 BauGB abzuarbeiten.[22] Von

---

19 Lütkes, a. a. O., (Fn. 1).

20 Zur Anwendbarkeit des § 14 Abs. 1 BNatSchG auch in der Bauleitplanung: BT-Drs. 16/12274, S. 85; Battis, in: Battis/Krautzberger/Löhr, BauGB, 13. Aufl. 2016, § 1a, Rn. 17; Lau, a. a. O., (Fn. 1), Rn. 240; Schink, a. a. O., (Fn. 1), 442 f.; Schroedter, in: Schroedter, BauGB 8. Aufl. 2015, § 1 a, Rn. 47.

21 BVerwG, Beschl. v. 07.11.2007 – 4 BN 45.07 – NVwZ 2008, 2016, Rn. 4; Louis, a. a. O., (Fn. 6), 94, 98; Lau, a. a. O., (Fn. 1),. 238; Wolf, a. a. O., (Fn. 6), 6, 8.

22 Krautzberger/Wagner, in: Ernst/Zinkahn/Bielenberg/Krautzberger, BauGB, Stand: 01.02.2015, § 1 a, Rn. 63; Kuschnerus, der sachgerechte Bebauungsplan, 4. Aufl. 2010, Rn. 399; Lau, a. a. O., (Fn. 1), Rn. 238. Dazu auch OVG Koblenz, Urt. v. 06.11.2013 – 8 C 10607/13 – NuR 2014, 121 f.

Bedeutung ist dabei insbesondere § 1a Abs. 3 S. 1 BauGB, der die Gemeinde verpflichtet in der Bauleitplanung zu entscheiden, ob als Folge der Umsetzung des Bauleitplans zu erwartende Eingriffe in Natur und Landschaft vermieden und wie unvermeidbare Beeinträchtigungen auszugleichen oder durch Ersatzmaßnahmen zu kompensieren sind.[23] Aus § 18 Abs. 2 S. 1 BNatSchG folgt, dass die Anwendung der Ausgleichsregelung ausschließlich im Rahmen der Bauleitplanung erfolgt; bei der Zulassung von Bauvorhaben im Geltungsbereich eines Bauleitplans ist sie hingegen nicht mehr anzuwenden.

Die Verlagerung der Entscheidung über die Vermeidung und den Ausgleich von Eingriffen in Natur und Landschaft in die Planungsphase der Bauleitplanung hat zur Folge, dass die Gemeinde bei der Abarbeitung der Eingriffsregelung im Rahmen der bauleitplanerischen Abwägung Anforderungen sowohl inhaltlicher als auch formaler Art erfüllen muss: Sie hat zum einen inhaltlich ein nachvollziehbares Konzept zur Vermeidung und zur Kompensation bauleitplanerischer Eingriffe in Natur und Landschaft zu erarbeiten. Zum anderen muss die Durchführung vorgesehener naturschutzrechtlicher Ausgleichs- und Ersatzmaßnahmen in formaler Hinsicht hinreichend gesichert werden. Hierzu stellt § 1a Abs. 1 S. 2–4 BauGB den Gemeinden verschiedene Möglichkeiten zur Verfügung.[24] Im Unterschied zu §§ 15 Abs. 2 BNatSchG findet dabei gemäß § 200a BauGB eine Unterscheidung zwischen Ausgleichs- und Ersatzmaßnahmen nicht statt.[25] Der Kompensation in der Bauleitplanung liegt vielmehr ein umfassender Ausgleichsbegriff zu Grunde, der eine Unterscheidung zwischen Ausgleich und Ersatz – anders als § 15 Abs. 2 BNatSchG – gemäß § 200a BauGB nicht vorsieht und deshalb auch nicht erforderlich macht.

23 Grundlegend dazu: BVerwG, Beschl. v. 31.01.1997 – 4 NB 27.96 – BVerwGE 104, 68 = juris, Rn. 16.

24 OVG Koblenz, a. a. O., (Fn. 22), NuR 2014, 121; Urt. v. 08.05.2013 – 8 C 10635/12 – NuR 2013, 665; Schink, a. a. O., (Fn. 1), 441, 442.

25 Zu den Gründen hierfür: Wolf, a. a. O., (Fn. 6), 6, 7; Guckelberger, a. a. O., (Fn. 1), § 15 Rn. 43 ff.; Lütges, a. a. O., (Fn. 1), § 15, Rn. 29.

3 Rechtlicher Stellenwert der Eingriffsregelung

Liegt ein Eingriff in Natur und Landschaft vor, ist gemäß §§ 13, 15 BNatSchG folgendes Prüfprogram abzuarbeiten.[26]

- Gemäß § 15 Abs. 1 S. 1 BNatSchG ist der Verursacher eines Eingriffs primär verpflichtet, vermeidbare Beeinträchtigungen zu unterlassen.
- Soweit Beeinträchtigungen nicht vermeidbar sind, besteht gemäß § 15 Abs. 2 S. 1 BNatSchG eine Verpflichtung, diese entweder auszugleichen oder zu ersetzen.
- Ist auch dies nicht möglich, ist das Eingriffsvorhaben mit den Anforderungen an Natur und Landschaft abzuwägen; der Eingriff darf nicht zugelassen oder durchgeführt werden, wenn bei der Abwägung die Belange des Naturschutzes und der Landschaftspflege anderen Belangen im Range vorgehen (§ 15 Abs. 5 BNatSchG).
- Wird das Vorhaben nach Abwägung zugelassen, ist gemäß § 15 Abs. 6 BNatSchG eine Ersatzzahlung zu leisten.

Diese Anforderungen der naturschutzrechtlichen Eingriffsregelung sind in der Vorhabenzulassung zwingendes Recht. Das gilt für die Prüfungsfolge,[27] das naturschutzrechtliche Vermeidungsverbot des § 15 Abs. 1 BNatSchG[28] und die Kompensationsverpflichtung.[29] Gegenstand der fachplanerischen Abwägung können die Anforderungen nach Vermeidung und Kompensation

---

26 Dazu z. B. Fischer-Hüftle/Schumacher, a. a. O., (Fn. 4), § 15, Rn. 3.

27 Dazu: Gellermann, in: Landmann/Rohmer, Umweltrecht, Stand 2016, § 15 BNatSchG, Rn. 1; Schäfer/Keller, in: Düsing/Martinez, Agrarrecht, § 15 BNatSchG, Rn. 1; Fischer-Hüftle/Schumacher, a. a. O., (Fn. 4), § 15, Rn. 5.

28 BVerwG, Urt. v. 07.03.1997 – 4 C 10.96 – BVerwGE 104, 144, 147, 150; Beschl. v. 30.10.1992 – 4 A 4/92 – NVwZ 1993, 565, 568; Urt. v. 19.03.2003 – 9 A 33/02 – NVwZ 2003, 1120, 1123; Koch, in: Schlacke, GK-BNatSchG, 2012, § 15, Rn. 5; Lütkes, a. a. O., (Fn. 1), § 15, Rn. 7; Guckelberger, a. a. O., (Fn. 1), § 15, Rn. 24; Gellermann, a. a. O., (Fn. 27), § 15 BNatSchG, Rn. 4; Mühlbauer, a. a.O., (Fn. 13), § 15, Rn. 2; Meßerschmidt, a. a.O., (Fn. 4), § 15 BNatSchG, Rn. 12.

29 So für das neue Recht: VG Augsburg, Urt. v. 15.05.2014 – Au5 K 14.70 – NuR 2014, 888; Gassner/Heugel, a. a. O., (Fn. 4), Rn. 310; Guckelberger, a. a. O., (Fn. 1), § 15, Rn. 37; Lütkes, in: Lütkes/Ewer, a. a.O., (Fn. 1), § 15, Rn. 11; Mühlbauer, a. a.O., (Fn. 13), § 15, Rn. 10; Fischer-Hüfte/Schumacher, a. a. O., (Fn. 4), § 15, Rn. 29; zum bisherigen Recht auch: BVerwG, Urt.

ebenso wenig sein, wie die nach einer Ersatzgeldzahlung bei Vorrang der für das Eingriffsvorhaben sprechenden Aspekte in der naturschutzrechtlichen Abwägung nach § 15 Abs. 5 BNatSchG.[30] Die Einhaltung der naturschutzrechtlichen Anforderungen an Vermeidung und Kompensation sind deshalb gerichtlich in vollem Umfang überprüfbar.[31] Die Überprüfung der Ausgleichsverpflichtung ist allerdings dadurch beschränkt, dass der Behörde bei der Festlegung des Eingriffs- und Ausgleichskonzepts eine naturschutzfachliche Einschätzungsprärogative zukommt.[32] Die Festsetzung von Kompensationsmaßnahmen enthält deshalb in erheblichem Umfang Elemente planerisch abwägender Entscheidung mit der Folge, dass die zuständige Behörde im Einzelfall abwägen muss, welche Kompensationsmaßnahme zweckmäßiger ist.[33] Folge davon ist, dass die gerichtliche Überprüfung der Festlegung von Kompensationsmaßnahmen in der Regel eingeschränkt ist. Die Wahl kann dann beanstandet werden, wenn sie naturschutzfachlich unvertretbar und damit ungeeignet ist.[34]

Die städtebauliche Eingriffsregelung unterscheidet sich in ihren Rechtswirkungen grundlegend von der naturschutzrechtlichen Eingriffsregelung. Über die Umsetzung der Anforderungen der naturschutzrechtlichen Eingriffsregelung nach § 1a Abs. 3 BauGB entscheidet die Gemeinde in der planerischen Abwägung. Sowohl Vermeidungsmaßnahmen als auch die Kompensationsverpflichtung unterliegen deshalb bei der städtebaulichen

---

v. 07.03.1997, a. a. O., (Fn. 28), BVerwGE 104, 144, 147, 150; BaWü VGH, Urt. v. 02.11.2006 – 8 S 1269/04 – NuR 2007, 420.

30 BaWü VGH, Urt. v. 15.11.1994 – 5 S 1602/93 – VBlBW 1995, 392, 393; Koch, a. a.O., (Fn. 28), § 15, Rn. 5; Guckelberger, a. a. O., (Fn. 1), § 15, Rn. 24.

31 BVerwG, Urt. v. 19.03.2003 a. a. O., (Fn. 28), NVwZ 2003, 1120, 1123; Lütkes, a. a. O., (Fn. 1), § 15, Rn. 5; Guckelberger, a. a. O., (Fn. 1), § 15, Rn. 24.

32 BVerwG, Urt. v. 18.03.2009 – 9 A 40/07 – NuR 2010, 41, 42; Beschl. v. 07.07.2010 – 7 VR 2.10 – NuR 2010, 646, 648; Urt. v. 25.06.2014 – 9 A 1/13 – NuR 2014, 859, 863; BaWü VGH, a. a. O., (Fn. 29), NuR 2007, 420; Schäfer/Keller, a. a. O., (Fn. 27), § 15 BNatSchG, Rn. 13; Guckelberger, a. a. O., (Fn. 1), § 15 Rn. 56; Gassner/Heugel, a. a. O., (Fn. 4), Rn. 311;.

33 Vgl. Hendler/Brockhoff, Die Eingriffsregelung des neuen Naturschutzrechts, NVwZ 2010, 733, 735.

34 Vgl. BaWü VGH, a. a. O., (Fn. 29), NuR 2007, 420, Rn. 33; Schäfer/Keller, a. a. O., (Fn. 27), § 15 BNatSchG, Rn. 16.

Eingriffsregelung einem Abwägungsvorbehalt.[35] Die Belange des Naturschutzes haben dabei in der planerischen Abwägung keinen abstrakten Vorrang vor anderen Belangen.[36] Nach der Rechtsprechung des BVerwG steht die Abwägung der Eingriffsregelung, konkret also das Wegwägen der hiernach erforderlichen Vermeidung oder Kompensation von Eingriffen, allerdings nicht in der planerischen Beliebigkeit der Gemeinde. Das BVerwG folgert vielmehr aus Art. 20a GG, dass die Belange des Naturschutzes und der Landschaftspflege in der bauleitplanerischen Abwägung ein erhebliches Gewicht haben.[37] In der Regel ist es der Gemeinde deshalb nicht möglich, die Anforderungen aus der naturschutzrechtlichen Eingriffsregelung einfach wegzuwägen. Vielmehr bedarf deren Zurückstellung in jedem Fall einer besonderen Rechtfertigung; die Gemeinden müssen die Belange, die sie für vorzugswürdig halten, präzise benennen.[38] Das folgt schon daraus, dass die Gemeinden im Rahmen der Bauleitplanung eine Vielfalt von Möglichkeiten haben, den Anforderungen an Vermeidung und Kompensation von Eingriffen Rechnung zu tragen. Zeit und Ort der Kompensation sind vom Eingriff abgekoppelt. Die Gemeinde muss die Kompensation nicht im selben Bebauungsplan durchführen, sondern kann dies auch in einem parallel zu erstellenden Bebauungsplan oder auf von ihr bereitgestellten Grundstücken außerhalb planerischer Festsetzungen tun.[39]

Ebenso wie bei der naturschutzrechtlichen Eingriffsregelung ist die Stufenfolge Vermeidung/Kompensation allerdings auch für die städtebauliche Eingriffsregelung verpflichtend. Die Verpflichtung zur Kompensation von Eingriffen bestimmt sich demgegenüber ausschließlich nach dem BauGB,

---

35 BVerwG, a. a. O., (Fn. 23), BVerwGE 104, 68; OVG NRW, Urt. v. 28.06.1996 – 7 a D 44/94.NE – NVwZ 1996, 274; BaWü VGH, Urt. v. 19.04.1996 – 8 S 2641/95 – NuR 1997, 92; Battis, in: Battis/Krautzberger/Löhr BauGB, 13. Aufl. 2016, § 1 a, Rn. 23; Gierke, in: Kohlhammer-Kommentar zum BauGB, Stand: 91. Lfg., Juli 2014, § 1 a, Rn. 210; Lau, Naturschutz (Fn. 1), Rn. 292; Krautzberger/Wagner, EZBK (Fn. 22), § 1 a, Rn. 77, 80; Mitschang, a. a. O., (Fn. 9), § 1 a Rn. 241 f.; Schink, a. a. O., (Fn. 1), 441, 442, 449; Schrödter, a. a. O., (Fn. 20), § 1 a, Rn. 67.

36 So: Schrödter, a. a. O., (Fn. 20), § 1 a, Rn. 67.

37 BVerwG, Beschl. v. 31.01.1997 – 3 NW 27.96 – BVerwGE 104, 68; Beschl. v. 13.04.1995 – 4 B 70.95 – DVBl 1995, 1008.

38 BVerwG, Beschl. v. 31.01.1997 – 4 MB 27.96 – BVerwGE 104, 68, 78.

39 Zu den einzelnen Möglichkeiten: Schink, NuR 2016 (Fn. 1), 441, 447 ff.; Lau, a. a. O. (Fn. 1), Rn. 404.

nämlich nach § 200a BauGB, wonach für die Bauleitplanung ein umfassender Ausgleichsbegriff gilt. Eine Unterscheidung zwischen Ausgleichs- und Ersatzmaßnahmen entfällt in der städtebaulichen Eingriffsregelung.[40] Auch die in § 15 BNatSchG vorgegebene Stufenfolge von Vermeidung, Kompensation und Abwägung entfällt bei der städtebaulichen Eingriffsregelung; diese ist umfassend und damit auch hinsichtlich der Abwägung der Naturschutzbelange bei nicht kompensierbaren Eingriffen mit anderen Belangen in der Abwägung nach § 1 Abs. 7 BauGB vorzunehmen.[41] Schließlich sieht die städtebauliche Eingriffsregelung keine Ersatzgeldzahlung vor.[42]

4 Eingriffstatbestand

Die Eingriffsdefinition des § 14 Abs. 1 BNatSchG gilt sowohl für die naturschutzrechtliche als auch für die städtebauliche Eingriffsregelung. Für die städtebauliche Eingriffsregelung folgt dies daraus, dass der Eingriffsbegriff im BauGB selbst nicht definiert wird. Aus § 1a Abs. 3 S. 1 BauGB, wonach die Eingriffsregelung nach dem BNatSchG in der Bauleitplanung abzuarbeiten ist, ergibt sich jedoch, dass die Definition des Eingriffs aus § 14 Abs. 1 BNatSchG auch für die städtebauliche Eingriffsregelung Gültigkeit hat.[43]

Gemäß § 14 Abs. 1 BNatSchG sind Eingriffe in Natur und Landschaft Veränderungen der Gestalt oder der Nutzung von Grundflächen oder Veränderungen des mit der belebten Bodenschicht in Verbindung stehenden Grundwasserspiegels, die die Leistungs- und Funktionsfähigkeit des Naturhaushaltes oder das Landschaftsbild erheblich beeinträchtigen können.

Bei der Anwendung der Eingriffsregelung ist sowohl bei der Vorhabenzulassung als auch in der Bauleitplanung in einem ersten Schritt festzustellen, ob die Voraussetzungen des Eingriffstatbestandes des § 14 Abs. 1 BNatSchG durch das zuzulassende Vorhaben bzw. die bei Umsetzung des Bauleitplans

---

40 Vgl. nur Battis, a. a. O., (Fn. 35), § 1 a, Rn. 16.

41 Battis, a. a. O., (Fn. 35).

42 BaWü VGH, Urt. v. 19.10.2010 – 3 S 1666/08 – juris, Rn. 40; Lau, a. a. O. (Fn. 1), Rn. 278 ff.; Schink, a. a. O., (Fn. 1), 441, 445; Schroedter, a. a. O., (Fn. 20), § 1a, Rn. 60. A. A. OVG NRW, Urt. v. 07.02.1997 – 7a D 134/95.NE – NVwZ 1997, 697, 698; Urt. v. 08.08.2003 – 7a 100/01 – NVwZ-RR 2004, 643, 647.

43 Dazu: BT-Drs. 16/12274, S. 85; Lau, a. a. O., (Fn. 1), Rn. 240; Schink, a. a. O., (Fn. 1), 441, 442 f.; Schroedter, a. a. O., (Fn. 20), § 1 a, Rn. 47.

möglichen Vorhaben erfüllt werden. Festzustellen ist deshalb, ob verursacht durch menschliches Handeln[44] die Bodenoberfläche einschließlich von Wasserflächen[45] unabhängig von ihrer Erscheinungsform[46] oder das Landschaftsbild verändert werden. Verändert werden muss die Gestalt von Grundflächen. Hierzu gehören ihr geomorphologisches Erscheinungsbild sowie der aktuelle Pflanzenbestand.[47] Beispiele für Eingriffshandlungen stellen alle Veränderungen der äußeren Erscheinungsform der Erdoberfläche dar, wie dies bei Aufschüttungen und Abgrabungen,[48] der Errichtung von Bauvorhaben sowie von Straßen und Schienenwegen[49] oder der Rohdung von Bäumen und Hecken der Fall ist.[50] Auch die Schaffung oder Beseitigung von Gewässern,[51] die Errichtung von Hochspannungsleitungen oder Mobilfunkmasten oder die Anlage von Windparks[52] stellen Eingriffshandlungen dar. Auch bei einer Versiegelung oder Verdichtung von Flächen kann dies der Fall sein.[53] Einzubeziehen sind auch die Folgewirkungen, die bauliche Anlagen haben können. Deshalb können z. B. Stickstoffdepositionen aus Industrieanlagen, die zu einer Veränderung des Pflanzenbestandes führen können, bei der Vorhabenzulassung und der Bauleitplanung bei der Ermittlung von Eingriffen zu berücksichtigen sein.[54]

Ein Eingriff in Natur und Landschaft liegt nur vor, wenn durch das zugelassene Vorhaben bzw. die auf Grund der Bauleitplanung zulassungsfähigen Bauvorhaben die Leistungs- und Funktionsfähigkeit des Naturhaushaltes

---

44 Die Veränderung muss auf einem planmäßigen Handeln eines Menschen beruhen: Guckelberger, a. a. O., (Fn. 1), § 14, Rn. 14.

45 Fischer-Hüftle/Czybulka, a. a. O., (Fn. 4), § 14, Rn. 5.

46 Guckelberger, a. a. O. (Fn. 1), Rn. 17.

47 Nds OVG, Urt. v. 16.02.1995 – 1 L 6044/92 –, NVwZ-RR 1995, 556, 557; BaWü VGH, Urt. v. 15.12.2011 – 5 S 2100/11 – NuR 2012, 130, 134; Gellermann, a. a. O., (Fn. 27), § 14 BNatSchG, Rn. 5; Guckelberger, a. a. O., (Fn. 1), § 14, Rn. 18.

48 OVG RhPf. Urt. v. 18.09.1986 – 8 A 77/84 – NuR 1987, 275.

49 OVG Schl-H, Beschl. v. 04.12.1997 – 7 M 1155/97 – NuR 1998, 275, 276.

50 BVerwG, Beschl. v. 26.02.1992 – 4 B 38/92 – NuR 1992, 328, 328 f.

51 BaWü VGH, Urt. v. 21.05.1980 – VII 1657/79 – AgrarR 1980, 346.

52 Dazu BaWü VGH, Urt. v. 15.04.1997 – 10 S 4/96 – GewArch 1998, 171.

53 Hess VGH, Urt. v. 10.03.1992 – 2 UE 969/88 – NuR 1992, 382.

54 So: Lau, a. a. O., (Fn. 1), Rn. 244; Schink, a. a. O., (Fn. 1), 441, 443. A.A. Koch, a. a. O, (Fn. 4), § 4, Rn. 17.

oder das Landschaftsbild erheblich beeinträchtigt werden können. Es muss eine nachteilige Veränderung der Funktionen der ökologischen Systeme vorliegen. Das kann etwa dann der Fall sein, wenn Tiere und Pflanzen in ihrer Anzahl oder Vielfalt reduziert oder natürliche Abläufe gestört werden, die nachteilige Auswirkungen auf Naturgüter haben; dazu können auch Auswirkungen auf das Wasser oder den Boden zählen.[55] Einzubeziehen bei der Erheblichkeitsprüfung sind alle Faktoren des Wirkungsgefüges des Naturhaushaltes. Abzustellen ist dabei auf den Status Quo. Entwicklungspotentiale finden nur dann Berücksichtigung, wenn eine hochwertige zukünftige Entwicklung auch tatsächlich zu erwarten ist.[56] Ausgeschlossen sind reine Bagatellfälle. Die Beeinträchtigung muss vielmehr von spürbarem Gewicht sein. Beeinträchtigungen des Landschaftsbildes sind dann erheblich, wenn das durch die Vorhabenzulassung bzw. die Bauleitplanung zugelassene Vorhaben in seiner Umgebung als landschaftsfremdes Element, als Fremdkörper besonders in Erscheinung tritt.[57] Geräusche und andere sinnliche Eindrücke können nicht zu einer Beeinträchtigung des Landschaftsbildes, wohl aber der Erholungsfunktion der Landschaft führen.[58] Auch Summationswirkungen sind zu berücksichtigen, und zwar in der Weise, dass bei der Vorhabenzulassung nur die auf das konkrete Vorhaben zurückzuführenden Wirkungen relevant sind,[59] während bei der Bauleitplanung auf die Wirkungen des Bauleitplans insgesamt abzustellen ist. Beachtlich sind weiter Vorbelastungen,[60] deren Bedeutung im Einzelfall davon abhängt, ob eine erneute Belastung des vorgeschädigten Naturhaushalts im Ergebnis gerade wegen der Vorbelastung nicht erheblich ist oder bei einem wertvollen Bestandteil im Gegenteil gravierende Folgen nach sich ziehen kann.[61] Allein wegen einer vorhandenen Vorbelastung lässt sich der Eingriffstatbestand jedoch regelmäßig nicht verneinen.[62]

---

55 Lütkes, a. a. O., (Fn. 1), § 16, Rn. 16.
56 Lau, a. a. O., (Fn. 1), Rn. 250.
57 Lütkes, a. a. O., (Fn. 1), § 16, Rn. 20; Lau, a. a. O., (Fn. 1), Rn. 248.
58 Schink, a. a. O., (Fn. 1), 441, 443. A.A. Bay VGH, Urt. v. 23.03.1993 – 8 B 86.3258 – ZfW 1994, 287, 289; Lau, a. a. O., (Fn. 1), Rn. 247.
59 Guckelberger, a. a. O., (Fn. 1), § 14, Rn. 32.
60 Dazu Guckelberger, a. a. O., (Fn. 1), Rn. 34.
61 Dazu Guckelberger, a. a. O., (Fn. 1).
62 Lau, Die naturschutzrechtliche Eingriffsregelung, Teil 1, NuR 2011, 680, 683.

Für den Eingriffstatbestand genügt es, dass eine erhebliche Beeinträchtigung eintreten kann. Diese muss nicht sicher erfolgen, vielmehr ist eine Prognose dazu anzustellen, ob nach menschlicher Erfahrung und dem Stand von Wissenschaft und Technik das Eintreten eines Eingriffs eine reale Möglichkeit darstellt.[63]

Die Positiv- und Negativlisten, die in den Naturschutzgesetzen einzelner Bundesländer aufgestellt worden sind, sind hierbei zu beachten,[64] wobei beachtlich ist, dass die Negativlisten sich innerhalb der Abweichungskompetenz der Bundesländer halten müssen.[65]

Die Feststellung des Eingriffstatbestandes sowie die Bewertung der Eingriffsfolgen setzen sowohl bei der Vorhabenzulassung als auch bei der Bauleitplanung eine Bestandsaufnahme des vorhandenen Zustandes von Natur und Landschaft voraus. Nicht erforderlich ist dabei eine vollständige Erfassung der vorhandenen Tier- und Pflanzenarten. Es reicht vielmehr aus, wenn in dem Untersuchungsraum Leitarten oder Vegetationsstrukturen ermittelt werden, die als Indikatoren sichere Rückschlüsse auf die ökologische Ausstattung des Naturraumes zulassen.[66] Das gilt insbesondere für typische Gebietsstrukturen; je typischer diese sind, umso eher kann hieraus auf die Ausstattung des Naturraumes geschlossen werden.[67] Gibt es Anhaltspunkte für das Vorhandensein besonders seltener Arten, ist deren Vorkommen zu ermitteln.[68] Maßgebend sind indessen stets die Verhältnisse des Einzelfalls.[69]

Bei der Bauleitplanung ist es der Gemeinde überlassen, welche Bewertungsverfahren sie bei der Ermittlung von Eingriffen und der Eingriffsintensität zu Grunde legt. Ein bestimmtes fachliches Verfahren ist nicht vorgegeben. Es liegt im planerischen Ermessen der Gemeinde, ob sie eigene Bewertungsmaßstäbe entwickelt oder sich anderer standardisierter Bewertungsverfahren

---

63 OVG NRW, Beschl. v. 18.07.1997 – 21 B 1717/94 – NuR 1997, 617; Guckelberger, a. a. O., (Fn. 1), § 14, Rn. 37.

64 Dazu Schink, a. a. O., (Fn. 1), 441, 443.

65 Dazu: Guckelberger, a. a. O., (Fn. 1), § 14, Rn. 7 ff.; Lütkes, a. a. O., (Fn. 1), § 14, Rn. 41.

66 BVerwG, Beschl. v. 21.02.1997 – 4 B 177/96 – NVwZ-RR 1997, 607, 607 f.; Urt. v. 27.10.2000 – 4 B 18/99 – NVwZ 2001, 673, 680.

67 BVerwG, Urt. v. 30.01.2003 – 4 CN 14.01 – BVerwGE 117, 351, 364.

68 BVerwG, Beschl. v. 21.02.1997, a. a. O., (Fn. 66), NVwZ-RR 1997, 607. 608.

69 Schink, a. a. O., (Fn. 1), 441, 444.

bedient.[70] Die eingesetzten Bewertungsverfahren müssen allerdings sachgerecht und zur Bewältigung der Anforderungen der naturschutzrechtlichen Eingriffsregelung in der Bauleitplanung geeignet sein.[71] Die Gemeinde darf das von ihr eingesetzte Bewertungsverfahren nicht wie zwingendes Recht behandeln, sondern muss eine eigenständige planerische Entscheidung treffen.[72]

Für die naturschutzrechtliche Eingriffsregelung gilt im Prinzip nichts anderes. Soweit nicht durch Erlass im Rahmen einer fachrechtlichen Weisungskompetenz die Anwendung bestimmter Bewertungsverfahren vorgeschrieben ist oder eine Kompensationsverordnung auf der Grundlage des § 15 Abs. 7 BNatSchG[73] oder nach Landesrecht[74] erlassen ist, steht es der Zulassungsbehörde frei, welches Bewertungsverfahren sie anwendet. Voraussetzung ist auch bei der Vorhabenzulassung allerdings, dass das jeweilige Bewertungsverfahren zur Bewertung des Eingriffs und der Eingriffsfolgen für den Naturhaushalt geeignet ist.

5 Bewältigung der Eingriffsfolgen

5.1 Vermeidungsgebot

Das Vermeidungsgebot ist sowohl bei der naturschutzrechtlichen als auch bei der städtebaulichen Eingriffsregelung zu beachten. Der Unterschied liegt

---

70 BVerwG, a. a. O., (Fn. 21), NVwZ 2008, 216; Beschl. v. 23.04.1979 – 4 NB 13.97 – NVwZ 1997, 1215; OVG NRW, Beschl. v. 14.07.2014 – 2 B 581/14. NE – ZfBR 2014, 774; Hess VGH, Urt. v. 25.04.2004 – 9 M 3123/01 – NVwZ-RR 2004, 726; BaWü VGH, Urt. v. 21.04.2015 – 3 S 743/13 – juris, Rn. 52.

71 BVerwG, Urt. v. 22.01.2004 – 4 A 32.02 – NuR 2004, 373, 379; BaWü VGH, a. a. O., (Fn. 29), NuR 2007, 420, 421; Urt. v. 21.04.2015 – 3 S 748/13 – juris, Rn. 52.

72 BVerwG, Urt. v. 18.03.2009, a. a. O., (Fn. 32), NVwZ 2010, 66, Rn. 28; Urt. v. 09.06.2004 – 9 A 11.03 – BVerwGE 121, 72, 82; BayVGH, Urt. v. 14.03.2006 – 1 N 04.1501 – NuR 2007, 61, 62; OVG NRW, Urt. v. 17.04.2009 – 7 D 110/07. NE – NuR 2009, 572, 577; Schrödter, a. a. O., (Fn. 20), § 1 a, Rn. 74; Lau, a. a. O., (Fn. 1), Rn. 288.

73 Der Entwurf einer Verordnung über die Kompensation von Eingriffen in Natur und Landschaft (Bundeskompensationsverordnung – BKompV), BR-Drucks. 332/13, S. 1 ff., ist bisher nicht verabschiedet worden. Dazu: Schütte/Wittrock, Der Entwurf der Kompensationsverordnung, ZUR 2013, 259 ff.

74 Dazu Hösch, Die Überwachung von festgesetzten Kompensationsmaßnahmen, UPR 2015, 81, 87; Lütkes, a. a. O., (Fn. 1), § 15 Rn. 98.

vor allem darin, dass das Vermeidungsgebot bei der städtebaulichen Eingriffsregelung der bauleitplanerischen Abwägung nach § 1 Abs. 7 BauGB unterliegt und damit nicht als zwingende Planungsvorgabe zu beachten ist, während es bei der Vorhabenzulassung nach der naturschutzrechtlichen Eingriffsregelung gemäß § 15 Abs. 1 BNatSchG zwingendes Recht darstellt und strikt zu beachten ist.[75]

Das Begriffsverständnis des Vermeidungsgebotes ist bei der naturschutzrechtlichen und der städtebaulichen Eingriffsregelung identisch. Das Vermeidungsgebot zielt nicht auf die Vermeidung des Eingriffs als solchen ab, sondern verpflichtet den Vorhabenträger bzw. die planende Gemeinde, die mit dem Vorhaben bzw. der Bauleitplanung verbundenen nachteiligen Folgen für den Naturhaushalt und das Landschaftsbild möglichst gering zu halten. Das Vorhaben bzw. die Bauleitplanung sollen so umweltschonend wie möglich umgesetzt werden.[76] Es geht um eine Minimierung der Eingriffsfolgen. Dieses Ziel kann nicht nur durch Unterbleiben bestimmter Maßnahmen, sondern auch durch die Durchführung zusätzlicher Maßnahmen zur Schadensvermeidung oder eine alternative Ausführungsart erreicht werden. Zu prüfen sind deshalb Ausführungsvarianten am geplanten Standort des Vorhabens.[77] Die Wahl der ökologisch günstigsten Planungsalternative oder ein Verzicht auf das Vorhaben werden nach dem Vermeidungsgebot jedoch nicht verlangt.[78]

Für die Bauleitplanung ergibt sich aus dem Vermeidungsgebot eine Verpflichtung, in die Abwägung plankonforme Ausführungsalternativen einzubringen und darüber zu entscheiden, ob diese oder eine andere Ausführungsart aus Gründen des Naturschutzes oder wegen des Vorrangs anderer Belange

---

75 Dazu schon oben 3.

76 BT-Drs. 16/12274 S. 57; BVerwG, Urt. v. 07.03.1997, a. a. O., (Fn. 28), BVerwGE 104, 144, 149 f.; Urt. v. 16.12.2004 – 4 A 11.04 – Buchholz 406.400 § 19 BNatSchG 2002 Nr. 1 S. 3; Beschl. v. 19.09.2014 – 7 B 6/14 – NuR 2015, 38 = UPR 2015, 100 = juris, Rn. 15; Gellermann, a. a. O., (Fn. 27), § 15 BNatSchG, Rn. 4; Koch, a. a. O., (Fn. 28), § 15, Rn. 5; Lütkes, a. a. O., (Fn. 1), § 15, Rn. 7; Guckelberger, a. a. O., (Fn. 1), § 15, Rn. 26.

77 Guckelberger, a. a. O., (Fn. 1), § 15, Rn. 24.

78 BVerwG, Urt. v. 07.03.1997, a. a. O., (Fn. 28), NVwZ 1997, 914, 916; Louis, a. a. O., (Fn. 6), 77, 81; Guckelberger, a. a. O., (Fn. 1), § 15 Rn. 15; Scheidler, a. a. O., (Fn. 3), 134, 137.

gewählt wird. Das städtebauliche Vermeidungsgebot kann dabei insbesondere auf der Ebene der Flächennutzungsplanung zu großer Wirkung gelangen, indem hier die Entscheidung darüber getroffen wird, welche Eingriffe durch Bebauungspläne an welcher Stelle im Gemeindegebiet ermöglicht werden sollen.[79] Das planerische Ziel der Gemeinde wird allerdings durch das Vermeidungsgebot nicht infrage gestellt.[80]

Ähnliche Grundsätze gelten für die Bewältigung des Vermeidungsgebots bei der Vorhabenzulassung. Zwar ist das Vermeidungsgebot hier strikt verbindlich. Auch bei der Vorhabenzulassung gilt es jedoch nur innerhalb des konkret geplanten Vorhabens. Vermeidungsmaßnahmen, die ein partiell anderes Vorhaben bedingen, sind nicht gefordert.[81] Begrenzt wird das Vermeidungsgebot im Übrigen in der Vorhabenzulassung durch den Grundsatz der Verhältnismäßigkeit. Gefordert sind gemäß § 15 Abs. 1 S. 2 BNatSchG nur geeignete, also wirksame und erforderliche Vermeidungsmaßnahmen, die zudem zumutbar sein müssen. Der Mehraufwand für die jeweilige Vermeidungsmaßnahme darf nicht außer Verhältnis zu der mit ihr erreichten Minderung der Eingriffsintensität bzw. des Eingriffsumfangs stehen.[82] Dabei gilt: Je gravierender der Eingriff in Natur- und Landschaft ist, umso größere Anstrengungen sind zur Vermeidung des Eingriffs oder seiner Schwere hinnehmbar. Dabei gelten objektive Maßstäbe.

Für die naturschutzrechtliche Eingriffsregelung statuiert § 15 Abs. 1 S. 2 BNatSchG eine zwingende Begründungspflicht für den Fall, dass Beeinträchtigungen nicht vermieden werden können. Das Begründungserfordernis richtet sich dabei als Spezialregelung gegenüber § 39 VwVfG an die Behörde, die den Eingriff zulässt und dabei dem Vermeidungsgebot nicht

---

79 Dazu: Mitschang, Eingriffsbewältigung und nachhaltige Flächennutzungsplanung, ZfBR 1999, 125, 134; ders., Der Flächennutzungsplan, 2003, Rn. 180; Lau, a. a. O., (Fn. 1), Rn. 334; Schink, Die Bedeutung umweltschützender Belange für die Flächennutzungsplanung, ZfBR 2000, 154, 165; ders., a. a. O., (Fn. 1), 441, 445; Schroedter, a. a. O., (Fn. 20), § 1 a, Rn. 56.

80 Schink, a. a. O., (Fn. 1), 441, 445.

81 BVerwG, Urt. v. 19.03.2003, a. a. O., (Fn. 23), NVwZ 2003, 1120, 1123; Urt. v. 16.12.2004 , a. a. O., (Fn. 76), NVwZ 2005, 589, 590; Guckelberger, a. a. O., (Fn. 1), § 15, Rn. 24; Lütkes, a. a. O., (Fn. 1), § 15, Rn. 7.

82 BVerwG, Urt. v. 19.03.2003, a. a. O., (Fn. 28), NVwZ 2003, 1120, 1124; Guckelberger, a. a. O., (Fn. 1), § 15, Rn. 28.

Rechnung trägt.[83] Den Anforderungen an die Begründungspflicht wird nur genügt, wenn schutzgut- und funktionsbezogen dargelegt wird, warum eine Vermeidung des Eingriffs nicht erfolgen konnte. Die Begründungspflicht gilt dabei auch für eine nur teilweise Realisierung des Vermeidungsgebotes.[84] Das Begründungsgebot des § 15 Abs. 1 S. 3 BNatSchG ist auf die Bauleitplanung nicht anwendbar. Die Gemeinde muss allerdings im Umweltbericht gemäß § 2 Abs. 4 in Verbindung mit Anlage 1 Nr. 2d BauGB die in Betracht kommenden anderweitigen Planungsmöglichkeiten darstellen. Alternative Ausführungsarten und alternative Standorte für ihre Planungsentscheidung hat die Gemeinde deshalb im Umweltbericht zu erläutern; weiter ist darzulegen, warum Planungsalternativen nicht verfolgt worden sind.[85] Der Umweltbericht, der in die Planbegründung des Bauleitplans eingeht, muss vor diesem Hintergrund deshalb ebenso wie die Begründung einer Vorhabenzulassung Ausführungen dazu enthalten, warum eine für den Naturhaushalt günstigere Ausführungsalternative nicht gewählt worden ist.

5.2 Kompensation der Eingriffsfolgen

Nach § 15 Abs. 2 S. 1 BNatSchG ist der Verursacher verpflichtet, unvermeidbare Beeinträchtigungen durch Maßnahmen des Natursschutzes und der Landschaftspflege auszugleichen (Ausgleichsmaßnahmen) oder zu ersetzen (Ersatzmaßnahmen). Ausgleichsmaßnahmen als Maßnahmen, die die beeinträchtigten Funktionen des Naturhaushaltes in gleichartiger Weise wiederherstellen (§ 15 Abs. 2 S. 2 BNatSchG) und Ersatzmaßnahmen, die dies in gleichwertiger Weise im betroffenen Naturraum leisten (§ 15 Abs. 1 S. 3 BNatSchG) stehen nach dieser Regelung gleichwertig nebeneinander. Eine Stufenfolge zwischen Ausgleich und Ersatz besteht gemäß § 15 Abs. 2 S. 1 BNatSchG nicht (mehr).[86] Vielmehr soll es dem Einzelfall überlassen

---

83 Guckelberger, a. a. O., (Fn. 1), § 15, Rn. 29; Mühlbauer, a. a. O., (Fn. 13), § 15, Rn. 6. A.A. Lütkes, a. a. O., (Fn. 1), § 15, Rn. 8, wonach § 15 Abs. 1 S. 3 BNatSchG eine Begründungspflicht für den Verursacher enthält.

84 Guckelberger, a. a. O., (Fn. 1), § 15, Rn. 30; Meßerschmidt, a. a. O., (Fn. 4), § 15, Rn. 31.

85 Battis, a. a. O., (Fn. 22), § 2; Jarass/Kment, BauGB, 2013, Anl. 1 Rn. 10; Rn. 17; Schink, Umweltprüfung in der Bauleitplanung, UPR 2014, 408, 412 f.

86 Allgemeine Auffassung: Vgl. BT-Drucks. 16/13298 S. 3; BVerwG, Urt. v. 06.11.2012 – 9 A 17.11 – BVerwGE 145, 40 Rn. 139; Beschl. v. 19.09.2014,

bleiben, ob die Durchführung einer Maßnahme zur Realkompensation eine unmittelbare Nähe zum Eingriffsort und eine gleichartige Wiederherstellung der betroffenen Funktionen des Naturhaushalts (Ausgleich) erfordert oder im naturräumlichen Zusammenhang durch gleichwertige Maßnahmen durchgeführt werden soll.[87]

Auf den ersten Blick unterscheidet sich das Kompensationserfordernis der naturschutzrechtlichen Eingriffsregelung nach § 15 Abs. 2 BNatSchG nicht von dem der städtebaulichen. Gemäß § 200a BauGB wird dort zwischen Ausgleich und Ersatz ebenfalls nicht differenziert; Darstellungen für Flächen zum Ausgleich und Festsetzungen für Flächen oder Maßnahmen zum Ausgleich im Sinne des § 1a Abs. 3 BauGB umfassen danach auch Ersatzmaßnahmen. Im Ergebnis stehen danach in der Bauleitplanung Ausgleichs- und Ersatzmaßnahmen auf gleicher Stufe; ein Alternativverhältnis besteht zwischen ihnen nicht. Dennoch gibt es zur naturschutzrechtlichen Eingriffsregelung einen gewichtigen Unterschied: Schon nach der Definition in § 200a BauGB umfasst der Ausgleichsbegriff auch Ersatzmaßnahmen. Im Städtebaurecht gilt deshalb ein einheitlicher Begriff der Kompensation.[88] Eine Differenzierung zwischen Ausgleich und Ersatz ist deshalb im Städtebaurecht nicht geboten. Vielmehr kommt es nur darauf an, dass eine Kompensation der Eingriffsfolgen erreicht wird.

Gravierende Unterschiede ergeben sich aus dieser begrifflichen Abweichung in der Praxis indessen nicht. Zu beachten ist allerdings, dass der Eingriffsverursacher bei der naturschutzrechtlichen Eingriffsregelung über kein Wahlrecht hinsichtlich der Art der von ihm geschuldeten Kompensationsleistungen verfügt.[89] Vielmehr ist bei Anwendung der naturschutzrechtlichen Eingriffsregelung im Einzelfall eine Entscheidung darüber zu treffen,

---

a. a. O., (Fn. 76), NuR 2015, 38 = UPR 2015, 100 = juris, Rn. 18; Gellermann, a. a. O., (Fn. 27), § 15 BNatSchG, Rn. 20; Guckelberger, a. a. O., (Fn. 1), § 15, Rn. 36; Lütkes, a. a. O., (Fn. 1), § 15, Rn. 29.

87 BVerwG, Beschl. v. 19.09.2014, a. a. O., (Fn. 76); NuR 2015, 38 = UPR 2015 100 = juris, Rn. 18.

88 Schink, a. a. O., (Fn. 1), 441, 445.

89 Guckelberger, a. a. O., (Fn. 1), § 15, Rn. 57; Lütkes, a. a. O., (Fn. 1), BNatSchG, § 15, Rn. 29; Gellermann, a. a. O., (Fn. 27), § 15 BNatSchG, Rn. 20. A.A.: Schäfer/Keller, a. a. O., (Fn. 27), § 15 BNatSchG, Rn. 13; Gassner/Heugel, a. a. O., (Fn. 4), Rn. 312.

welcher Maßnahme – Ausgleich oder Ersatz oder eine Kombination von beiden – der Vorrang gegeben werden soll. Beide Maßnahmen müssen jedoch gleichermaßen geprüft werden.[90] Bei der Auswahl hat sich die Behörde am Zweck der Kompensationsverpflichtung zu orientieren und eine einzelfallbezogene Abwägung zwischen den verschiedenen möglichen Kompensationsformen vorzunehmen.[91] Der Verhältnismäßigkeitsgrundsatz ist dabei zu beachten.[92] Der Behörde ist weiter ein erheblicher Spielraum zuzuerkennen, ob sie Ausgleichs- oder Ersatzmaßnahmen anordnet.[93] Maßgebend sind die Verhältnisse des Einzelfalls. Insgesamt kommt es darauf an, den Eingriff soweit wie möglich zu kompensieren. Sind hierzu Ersatzmaßnahmen besser als Ausgleichsmaßnahmen geeignet, sind diese zu wählen. Dabei kommt der Behörde eine naturschutzfachliche Einschätzungsprärogative zu, welche Maßnahme den besseren Erfolg verspricht.[94]

Sowohl für die naturschutzrechtliche als auch die städtebauliche Eingriffsregelung gelten dabei für die Qualität der Kompensation folgende Grundsätze: Die Kompensationsmaßnahmen müssen geeignet sein, zu einer Aufwertung des vorhandenen Zustandes von Natur und Landschaft zu führen. Anderenfalls können die Eingriffsfolgen nämlich nicht mindestens gleichwertig ersetzt werden. Die Flächen, die für die Durchführung der Kompensationsmaßnahmen genutzt werden, müssen deshalb aufwertungsbedürftig und -fähig sein. Voraussetzung dafür ist, dass ein ökologischer Zustand erreicht werden kann, der nach Durchführung von Maßnahmen höherwertiger ist als zuvor.[95] Dies ist bei landwirtschaftlich genutzten Flächen regelmäßig der Fall.[96] Gefordert sind in der Regel ökologisch wirkende Maßnahmen, zu denen z. B. auch eine Entsiegelung rechnet. Das bloße Liegenlassen von

---

90 Fischer-Hüftle/Schumacher, a. a. O., (Fn. 4), § 15, Rn. 60; Guckelberger, a. a. O., (Fn. 1), § 15, Rn. 55.

91 Guckelberger, a. a. O., (Fn. 1).

92 Guckelberger, a. a. O., (Fn. 1).

93 BT-Drucks. 16/1274 S. 58.

94 Zur Einschätzungsprärogative: BVerwG, Urt. v. 18.03.2009, a. a. O., (Fn. 32), NuR 2010, 41, 42; Urt. v. 25.06.2014, a. a. O., (Fn. 32), NuR 2014, 859, 863; Hendler/Brockhoff, a. a. O., (Fn. 33), 733, 735.

95 BVerwG, Urt. v. 23.08.1996 – 4 A 29.95 – NVwZ 1997, 486, 488; Gerichtsbescheid vom 10.09.1998 – 4 A 35.97 – NVwZ 1999, 532, 533.

96 BVerwG, Urt. v. 24.03.2011 – 7 A 3.10 – NuR 2011, 501, Rn. 47; Sächs OVG, Beschl. v. 24.04.2015 – 3 B 9/15 – juris, Rn. 18.

Flächen stellt indessen keine Ausgleichsmaßnahme dar.[97] Biotoppflegemaßnahmen können demgegenüber eine Kompensationsmaßnahme darstellen, wenn sie kein bloßes Erhaltungsziel, sondern eine Aufwertung anstreben.[98] Vermeidungsmaßnahmen können zugleich Ersatzmaßnahmen sein.[99]

Sowohl bei der naturschutzrechtlichen als auch bei der städtebaulichen Eingriffsregelung ist im Übrigen § 15 Abs. 3 BNatSchG anzuwenden. Die Regelung bezweckt die Schonung von land- oder forstwirtschaftlich genutzten Flächen, soweit diese für die Durchführung von Kompensationsmaßnahmen in Anspruch genommen werden. Bei der Festlegung von Kompensationsmaßnahmen ist gemäß § 15 Abs. 1 S. 3 BNatSchG auf agrarstrukturelle Belange Rücksicht zu nehmen. Für die landwirtschaftliche Nutzung besonders geeigneter Böden sind zu schonen. Landwirtschaftlich genutzte Flächen sollen nur im notwendigen Umfang als Kompensationsflächen in Anspruch genommen werden. Vorrangig sind Maßnahmen der Entsiegelung und Biotopvernetzung sowie bewirtschaftungsintegrierte Maßnahmen, die dauerhaft zu einer ökologischen Aufwertung des Naturhaushaltes im jeweiligen Naturraum führen.[100]

Unterschiede zwischen der naturschutzrechtlichen und städtebaulichen Eingriffsregelung bestehen hinsichtlich von Zeit und Ort der Kompensationsverpflichtung.

Bei der städtebaulichen Eingriffsregelung ist die Gemeinde nach § 1a Abs. 3 S. 3, 4 BauGB nicht verpflichtet, Kompensationsmaßnahmen im Sinne des § 200a BauGB am Ort des Eingriffs festzusetzen. Sie kann sie vielmehr an anderer Stelle als am Ort des Eingriffs durchführen. Dies kann auch auf von ihr bereit gestellten Flächen im Gemeindegebiet oder in der Region erfolgen.[101]

---

97 BaWü VGH, Urt. v. 17.05.2001 – 8 S 2603/00 – ZfBR 2002, 168. 169; Nds OVG, Urt. v. 05.04.2001 – 1 K 2758/00 – ZfBR 2001, 488, 490.

98 Nds OVG, a. a. O., (Fn. 97), BauR 2001, 1546, 1549.

99 BVerwG, Beschl. v. 19.09.2014, a. a. O., (Fn. 76), NuR 2015, 38 = UPR 2015, 100 = juris, Rn. 16 für den Fall einer ökologisch veranlassten Flutung.

100 Zum vorstehenden: Mitschang, a. a. O., (Fn. 9), § 1 a, Rn. 314 g ff.; Schink, a. a. O., (Fn. 1), 414, 445 f.; ders., Innenentwicklung und Eingriffsausgleich, BauR 2013, 861, 871.

101 Einzelheiten dazu bei Lau, a. a. O., (Fn. 1), Rn. 385; Mitschang, a. a. O., (Fn. 9), § 1 a, Rn. 270 ff.; Schroedter, a. a. O., (Fn. 20), § 1 a, Rn. 92; Schink, a. a. O., (Fn. 1), 441, 447 f.

Die Anforderungen an die Zuordnung von Kompensationsmaßnahmen zum Ort des Eingriffs mit dem Ziel, dort den Status Quo von Natur und Landschaft zumindest gleichwertig zu erhalten, sind ebenso wie die Forderung, Kompensationsmaßnahmen zeitgleich mit dem Ausgleich herzustellen, in der Bauleitplanung erheblich gelockert.

Demgegenüber lässt § 15 Abs. 2 S. 3 BNatSchG eine Festsetzung von Kompensationsmaßnahmen nur im betroffenen Naturraum zu. Auch hier müssen Kompensationsmaßnahmen zwar nicht auf den Eingriffsort zurückwirken.[102] Eine vollständige Loslösung der Ersatzmaßnahmen vom Eingriffsort ist mit § 15 Abs. 2 S. 3 BNatSchG jedoch nicht vereinbar. Allerdings sind die Naturräume, innerhalb derer die Kompensation durch Ersatzmaßnahmen erfolgen kann, relativ groß. Sie orientieren sich an den 69 naturräumlichen Haupteinheiten der Bundesrepublik Deutschland.[103] Diese entsprechen jeweils einer Größe von ca. 3 bis 4 Landkreisen.[104] Rein faktisch sind die Unterschiede bei der Anwendung der naturschutzrechtlichen und der städtebaulichen Eingriffsregelung im Hinblick auf den räumlichen Bereich, in dem eine Kompensation zu erfolgen hat, deshalb nicht erheblich.

Was den Zeitpunkt der Durchführung der Kompensation angeht, so gilt sowohl für die naturschutzrechtliche als auch die städtebauliche Eingriffsregelung, dass die Kompensation erst in dem Augenblick durchgeführt werden muss, in dem der Eingriff tatsächlich erfolgt. Der Erfolg der Kompensation muss dabei innerhalb einer angemessenen Zeit eintreten. Dabei ist zu berücksichtigen, dass eine Kompensation nicht sofort die gleiche Wertigkeit wie die durch das Vorhaben bzw. die Planung hervorgehobene Beeinträchtigung haben kann.[105] Zwischen der beeinträchtigten Funktion des Naturhaushaltes und dem Zeitpunkt, zu dem der Ausgleich wirksam wird, besteht deshalb eine Wechselbeziehung. Die Wirkung der Kompensation muss in jedem Fall innerhalb eines überschaubaren Zeitraumes, in angemessener Frist eintreten. Das ist dann nicht mehr der Fall, wenn zwischen dem Eingriff und der

102 BVerwG, Beschl. v. 07.07.2010, a. a. O., (Fn. 32), NuR 2010, 646, 647; Nds OVG, Urt. b. 16.12.2009 – 4 LC 730/07 – NuR 2010, 133, 135.

103 BT-Drucks. 16/12274, S. 57. Lau, Die naturschutzrechtliche Eingriffsregelung (Teil 2), NuR 2011, 762, 764; Guckelberger, a. a. O., (Fn. 1), § 15, Rn. 52.

104 Ebenda.

105 Guckelberger, a. a. O., (Fn. 1), § 15, Rn. 45.

Kompensation so viel Zeit verstreicht, dass die Zielsetzung der Ausgleichs- bzw. Ersatzmaßnahme nicht mehr erreicht werden kann.[106]

Auf die Bauleitplanung lassen sich diese für die naturschutzrechtliche Eingriffsregelung entwickelten Grundsätze übertragen. Dort besteht allerdings die Möglichkeit, den Zeitpunkt der Kompensation und des Eingriffs zu entkoppeln. Die Gemeinde hat die Möglichkeit, Kompensationsmaßnahmen in einem zweiten – einem Ausgleichsbebauungsplan – festzusetzen.[107] Die Umsetzung dieses Ausgleichsbebauungsplanes kann die Gemeinde vorziehen mit der Folge, dass die Kompensation vor Durchführung der Eingriffe auf der Grundlage des Maßnahmenbebauungsplanes erreicht werden kann. Bei der naturschutzrechtlichen Eingriffsregelung besteht ebenfalls ein solches Bedürfnis, wenn ein Naturschutzbelang, wie das Überleben einer Population, nur dann erreicht werden kann, wenn vor der Zerstörung eines Lebensraumes ein Ersatzbiotop zur Verfügung steht.[108] Eine im Zulassungsbescheid für das Vorhaben festgesetzte Kompensationsmaßnahme ist in einem solchen Fall nur dann rechtmäßig, wenn dieser Erfolg auch tatsächlich eintreten kann.

Sowohl bei der städtebaulichen als auch bei der naturschutzrechtlichen Eingriffsregelung können auch Pflegemaßnahmen Gegenstand der Kompensationsverpflichtung sein.[109] Weiter bedarf in beiden Fällen die Durchführung von Kompensationsmaßnahmen einer rechtlichen Sicherstellung. Für die Bauleitplanung gilt dies insbesondere dann, wenn die Gemeinde Kompensationsmaßnahmen auf von ihr zur Verfügung gestellten Flächen durchführen möchte. In diesem Fall muss gewährleistet sein, dass sie von einer von ihr einseitig abgegebenen Erklärung, eine Kompensationsmaßnahme auf ihren Grundstücken durchzuführen, nicht später wieder Abstand nimmt.[110] Bei der naturschutzrechtlichen Eingriffsregelung muss demgegenüber sichergestellt

---

106 BVerwG, Beschl. v. 16.03.1999 – 4 BN 17.98 – ZfBR 1999, 349, 340; Lau, a. a. O., (Fn. 103), 762, 765; Guckelberger, a. a. O., (Fn. 1), § 15, Rn. 45.

107 Dazu: Söfker, a. a. O., (Fn. 22), § 9, Rn. 232; Lau, a. a. O., (Fn. 1), Rn. 355.

108 Fischer-Hüftle/Schumacher, a. a. O., (Fn. 4), BNatSchG, § 15, Rn. 78; Guckelberger, a. a. O., (Fn. 1), § 15, Rn. 45.

109 Dazu für die städtebauliche Eingriffsregelung: Schink, a. a. O., (Fn. 1), 441, 446 f. Für die naturschutzrechtliche Eingriffsregelung: Guckelberger, a. a. O., (Fn. 1), Rn. 77.

110 BVerwG, Beschl. v. 18.11.1979 – 4 BN 26/97 – NVwZ-RR 1998, 552; OVG RhPf, a. a. O., (Fn. 24), UPR 2013, 393, 396.

sein, dass die Kompensationsmaßnahme auch gegen den Willen künftiger Grundstückseigentümer oder -besitzer durchsetzbar ist.[111] In beiden Fällen kommen öffentlich-rechtliche und privatrechtliche Sicherungsmaßnahmen in Betracht. Vor allem eine beschränkt persönliche Dienstbarkeit ist hierbei als geeignete Sicherungsmaßnahme anzusehen.[112] Auch die Eintragung einer Baulast[113] oder der Abschluss von Pachtverträgen[114] kommen insoweit in Betracht. Allerdings müssen solche Verträge auch eine Verpflichtung für etwaige Rechtsnachfolger enthalten und diese binden.[115]

5.3 Naturschutzrechtliche Abwägung gemäß § 15 Abs. 5 BNatSchG

Das für die naturschutzrechtliche Eingriffsregelung nach § 15 Abs. 5 BNatSchG geltende Erfordernis der naturschutzrechtlichen Abwägung findet bei der städtebaulichen Eingriffsregelung keine Entsprechung.

Gemäß § 15 Abs. 5 BNatSchG ist in einer Abwägung bei nicht vermeidbaren und kompensierbaren Eingriffen darüber zu entscheiden, ob die Belange des Naturschutzes und der Landschaftspflege bei Abwägung aller Anforderungen an Natur und Landschaft anderen Belangen im Range vorgehen. Diese Abwägung stellt eine von der in der Fachplanung durchzuführenden Abwägung zu unterscheidende Abwägungsentscheidung dar; es handelt sich um eine spezifisch naturschutzrechtliche Abwägung, bei der nicht ein unter allen berührten Aspekten zu beurteilendes und auszugleichendes Interessengeflecht Abwägungsgegenstand ist, sondern das bipolare Verhältnis zwischen den Eingriffsinteressen und den Naturschutzbelangen.[116] Die

---

111 Fischer-Hüftle/Schumacher, a. a. O., (Fn. 4), § 15, Rn. 120; Guckelberger, a. a. O., (Fn. 1), § 15, Rn. 86.

112 Bay VGH, Urt. v. 24.02.2010 – 2 BV 08.2599 – NuR 2010, 885, 886 f.; Fischer-Hüftle/Schumacher, a. a. O., (Fn. 4), § 15, Rn. 123, Guckelberger, a. a. O., (Fn. 1), § 15, Rn. 87.

113 Guckelberger, a. a. O., (Fn. 1), Rn. 89.

114 Guckelberger, a. a. O., (Fn. 1), Rn. 88, Mühlbauer, a. a. O., (Fn. 13), § 15, Rn. 28; Schäfer/Keller, a. a. O., (Fn. 27), § 15 BNatSchG, Rn. 30; A. A.: Gellermann, a. a. O., (Fn. 27), § 15 BNatSchG, Rn. 26.

115 So mit Recht Schäfer/Keller, a. a. O., (Fn. 27).

116 Dazu: BVerwG, Urt. v. 17.01.2007 – 9 C 1/06 – NVwZ 2007, 581, 583; Fischer-Hüftle/Schumacher, a. a. O., (Fn. 4), § 15, Rn. 129; Gellermann, a. a. O., (Fn. 27), § 15 BNatSchG, Rn. 34; Guckelberger, a. a. O., (Fn. 1), § 15, Rn. 97.

Abwägungsentscheidung nach § 15 Abs. 5 BNatSchG ist dabei nur beschränkt überprüfbar. Insbesondere kommt der Behörde eine naturschutzrechtliche Einschätzungsprärogative zu, von der u. a. abhängt, in welchem Umfang Eingriffe nicht vollständig kompensiert werden können; dies hat auch für die Zusammenstellung des Abwägungsmaterials bei der Abwägung nach § 15 Abs. 5 BNatSchG Bedeutung.[117]

Diese Abwägungsentscheidung ist in der Bauleitplanung nicht vorgesehen. Allerdings ist festzustellen, dass die praktischen Unterschiede zwischen der naturschutzfachlichen Abwägung nach § 15 Abs. 5 BNatSchG, der fachplanerischen Abwägung und der Abwägung in der Bauleitplanung nicht gravierend sind. In der Bauleitplanung hat die Gemeinde gemäß § 1a Abs. 3 S. 1, § 1 Abs. 7 BauGB eine Abwägung dazu vorzunehmen, ob den Anforderungen des Vermeidungs- und Kompensationsgebotes in der Planung umfassend Rechnung getragen werden soll. Dabei kommt der Bedeutung der betroffenen Naturschutzbelange eine herausragende Stellung zu.[118] Bei der Abwägung nach § 15 Abs. 5 BNatSchG ist im Ergebnis nicht anders zu verfahren. Die für die Durchführung des Vorhabens sprechenden öffentlichen und privaten Belange sind zu berücksichtigen. Das Kompensationsdefizit ist festzustellen. In einer Abwägungsentscheidung ist sodann darüber zu befinden, ob die für das Vorhaben streitenden öffentlichen und privaten Belange den naturschutzrechtlichen Erfordernissen im Range vorgehen oder ob ein Defizit hingenommen werden kann.[119] Sowohl bei der städtebaulichen als auch bei der naturschutzrechtlichen Abwägung geht es deshalb im Ergebnis um die Frage, welchen Belangen im Einzelnen Vorrang einzuräumen ist: Den für die Planung bzw. das Vorhaben streitenden oder den Naturschutzbelangen, die für ein Unterbleiben des Eingriffs oder seiner vorgesehenen Intensität streiten. Gravierende Unterschiede im Abwägungsvorgang sind deshalb ungeachtet der unterschiedlichen Struktur der bauleitplanerischen Abwägung und derjenigen nach § 15 Abs. 5 BNatSchG kaum zu erkennen.

117 BVerwG, a. a. O., (Fn. 116), NVwZ 2007, 581, 584.
118 Dazu schon oben zu Fußnote 37.
119 Dazu Guckelberger, a. a. O., (Fn. 1), § 15, Rn. 103 ff., 107.

6 Verfahrensanforderungen

Für die Umsetzung der naturschutzrechtlichen Eingriffsregelung enthält § 17 BNatSchG eine Reihe von Verfahrensanforderungen. Diese sind im Zulassungsverfahren zu beachten. Das Benehmen mit der für Naturschutz- und Landschaftspflege zuständigen Behörde ist herzustellen.[120] Ist der Eingriff nicht nach anderen Vorschriften zulassungs- oder anzeigepflichtig, ist nach § 17 Abs. 3 BNatSchG eine naturschutzrechtliche Genehmigung erforderlich.[121] Vom Verursacher des Eingriffs kann gemäß § 17 Abs. 4 BNatSchG die Vorlage eines landschaftspflegerischen Begleitplanes verlangt werden. Darüber hinaus kann die zuständige Behörde eine Sicherheitsleistung bis zur Höhe der voraussichtlichen Kosten für die Ausgleichs- oder Ersatzmaßnahmen verlangen, soweit dies erforderlich ist, um die Erfüllung der Verpflichtungen nach § 15 BNatSchG zu gewährleisten (§ 17 Abs. 5 BNatSchG). Ausgleichs- und Ersatzmaßnahmen werden überdies gemäß § 17 Abs. 6 BNatSchG in ein Kompensationsverzeichnis eingetragen, dessen Führung nach Landesrecht erfolgt. § 17 Abs. 7 BNatSchG verpflichtet die für die Zulassung oder Genehmigung des Eingriffs zuständige Behörde, die frist- und sachgerechte Durchführung der Vermeidungs- sowie der festgesetzten Ausgleichs- und Ersatzmaßnahmen einschließlich der erforderlichen Unterhaltungsmaßnahmen zu prüfen; hierzu kann sie vom Verursacher des Eingriffs die Vorlage eines Berichts verlangen. Gemäß § 17 Abs. 9 BNatSchG ist im Übrigen die Beendigung oder eine länger als ein Jahr dauernde Unterbrechung eines Eingriffs der zuständigen Behörde anzuzeigen. Bei UVP-pflichtigen Vorhaben ist die Anwendung der Eingriffsregelung Gegenstand der UVP.

Die in § 17 getroffenen Verfahrensregelungen gelten für die städtebauliche Eingriffsregelung nicht. Insbesondere ist eine Benehmensherstellung mit der für Naturschutz und Landschaftspflege zuständigen Behörde nicht erforderlich. Allerdings ist die für Naturschutz und Landschaftspflege zuständige Behörde gem. § 4 Abs. 1 BauGB im Rahmen der Behörden- und Trägerbeteiligung bei der Aufstellung eines Bauleitplanes zu beteiligen.

---

120 Zu den Anforderungen: BVerwG, Urt. v. 29.04.1993 – 7 A 2/92 – BVerwGE 92, 258, 262; Siegel, a. a. O., (Fn. 1), § 17, Rn. 21 f.

121 Dazu: OVG SchlH, Beschl. v. 14.03.2016 – 1 MB 36/12 – NordÖR 2016, 381; Siegel, a. a. O., (Fn. 1), § 17, Rn. 33 ff.

Benehmens- oder Zustimmungserfordernisse ergeben sich aus dieser Beteiligungsverpflichtung indessen keine.

Die Erstellung von landschaftspflegerischen Begleitplänen oder Gutachten wird bei der städtebaulichen Eingriffsregelung ebenfalls nicht verlangt. Im Rahmen der Erarbeitung des Umweltberichtes gemäß § 2a S. 2 Nr. 2 BauGB kann es allerdings notwendig sein, auch für die Aufstellung von Bauleitplänen Gutachten zu erstellen. Dies legt die Gemeinde gemäß § 2 Abs. 4 S. 2 BauGB für jeden Bauleitplan fest. Danach bestimmt sie über die Frage der gutachterlichen Bewertung der Naturschutzbelange nach dem Erforderlichkeitsprinzip.[122] Dabei sind die Behörden und Träger sonstiger öffentlicher Belange gemäß § 4 Abs. 1 S. 1 BauGB zu beteiligen. Darüber hinaus hat die Gemeinde bei der Umweltprüfung nach der Anlage 1 BauGB zu verfahren. Im Umweltbericht hat sie deshalb im Rahmen der Beschreibung und Bewertung der Umweltauswirkungen die Anforderungen der naturschutzrechtlichen Eingriffsregelung und insbesondere Art und Schwere des Eingriffs, Kompensationsnotwendigkeiten und vorgesehene Vermeidungs- und Kompensationsmaßnahmen darzustellen.[123] Die von der Gemeinde in der Umweltprüfung geforderte Darstellung ist danach zwar mit den Anforderungen nach § 17 Abs. 4 BNatSchG nicht voll identisch; sie ist hiermit jedoch vergleichbar.

Sicherheitsleistungen für die Umsetzung der städtebaulichen Eingriffsregelungen sind im BauGB nicht vorgesehen. Die Gemeinde kann jedoch in einem städtebaulichen Vertrag die Anforderungen der Eingriffsregelung umsetzen und in diesem Zusammenhang vom Vorhabenträger eines Vorhaben- und Erschließungsplanes auch Vorausleistungen für die Durchsetzung für die Umsetzung der Ausgleichsverpflichtungen verlangen.[124] Darüber hinaus kann die Gemeinde gemäß § 135a Abs. 3 S. 2 BauGB zur Deckung des Aufwandes für Maßnahmen zum Ausgleich einschließlich der Bereitstellung hierfür erforderlicher Flächen vom Eingriffsverursacher einen Kostenerstattungsbeitrag erheben. Dieser kann geltend gemacht werden, sobald die Grundstücke, auf denen Eingriffe zu erwarten sind, baulich oder gewerblich

122 Vgl. Battis, in: Battis/Krautzberger/Löhr, BauGB, § 2, Rn. 9; Schrödter, a. a. O., (Fn. 20), § 2 Rn. 162.

123 Einzelheiten bei Schink, a. a. O., (Fn. 85), 408 ff.

124 Vgl. Schink, a. a. O., (Fn. 1), 441, 449.

genutzt werden dürfen. Allerdings entsteht die Erstattungspflicht erst mit der Herstellung der Maßnahmen zum Ausgleich durch die Gemeinde.[125] Hieraus folgt, dass bei der Umsetzung der städtebaulichen Eingriffsregelung die Gemeinde grundsätzlich in Vorleistung treten muss, bevor sie einen Kostenerstattungsanspruch und für die Umsetzung der Ausgleichsfestsetzungen im Bauleitplan geltend machen kann.

Die Überprüfung der Umsetzung der Vermeidungs-, Ausgleichs- und Ersatzmaßnahmen einschließlich der erforderlichen Unterhaltungsmaßnahmen, wie sie § 17 Abs. 7 BNatSchG vorsieht[126], findet in der Bauleitplanung durch die Verpflichtung der Gemeinde gemäß § 4c BauGB ein Monitoring zu den erheblichen Umweltauswirkungen durchzuführen, die auf Grund der Durchführung der Bauleitpläne eintreten können, eine Entsprechung. Im Rahmen des bauleitplanerischen Monitorings gemäß § 4 c BauGB sind insbesondere auch die Wirkungen festgesetzter Ausgleichsmaßnahmen daraufhin zu prüfen, ob sie die prognostizierten Wirkungen haben oder dahinter (erheblich) zurückbleiben.[127] Allerdings ist dabei zu beachten, dass die Anforderungen an das Monitoring sich nach dem Umweltbericht des jeweiligen Bauleitplanes richten. Die Gemeinde ist deshalb nicht verpflichtet, ein Monitoring auch für Vermeidungs- und Ausgleichsmaßnahmen festzulegen, die im Bebauungsplan festgesetzt worden sind. Regelmäßig wird sich die Überwachungsverpflichtung nach § 4c BauGB jedoch auch auf Vermeidungs- und Kompensationsmaßnahmen erstrecken.

7 Fazit

Der vorstehende Überblick hat gezeigt, dass es zwar rechtsgrundsätzliche Differenzen zwischen der städtebaulichen und der naturschutzrechtlichen Eingriffsregelung gibt, dass diese sich in der praktischen Anwendung jedoch nicht erheblich auswirken. Zwar unterliegt die städtebauliche Eingriffsregelung der bauleitplanerischen Abwägung mit der Folge, dass in der Abwägung über die Reichweite der Umsetzung des Vermeidungs- und des Kompensationsgebotes aus § 1a Abs. 3 S. 1 BauGB zu entscheiden ist. Vermeidungsgebot

125 Dazu: Schrödter, a. a. O., (Fn. 20), § 135 a, Rn. 32.
126 Dazu: BVerwG, Urt. v. 06.11.2013 – 9 A 14/12 – BVerwGE 148, 373, 396.
127 Schrödter, a. a. O., (Fn. 20), § 4 c, Rn. 9.

und Kompensationsverpflichtung sind bei der naturschutzrechtlichen Eingriffsregelung demgegenüber gemäß § 15 Abs. 1, 2 BNatSchG rechtlich bindend. Wegen der weitgehenden Rechtsähnlichkeiten des Ausgleichsbegriffs des § 200a BauGB und der Kompensation durch Ausgleich oder Ersatz in § 15 Abs. 2 BNatSchG wirkt sich dieser rechtssystematische Unterschied in der Praxis voraussichtlich allerdings nicht erheblich aus. Denn ein Wegwägen der Vermeidungs- und Kompensationsanforderungen aus der städtebaulichen Eingriffsregelung durch die Gemeinde in der Bauleitplanung unterliegt erheblichen Einschränkungen: Die Naturschutzbelange genießen hierbei zwar keinen Vorrang vor anderen. Wegen der besonderen Bedeutung der Belange des Naturschutzes und der Landschaftspflege können diese in der bauleitplanerischen Abwägung jedoch nicht ohne weiteres zurückgestellt werden, sondern nur dann, wenn es Belange von erheblichem Gewicht gibt, die eine Umsetzung des Vermeidungs- und Ausgleichspostulates in der Bauleitplanung nicht zulassen. Angesichts der vielfältigen Möglichkeiten, dem Ausgleichsgebot in der Bauleitplanung Rechnung zu tragen, werden diese Voraussetzungen regelmäßig nicht gegeben sein mit der Folge, dass Vermeidungs- und Kompensationsanforderungen nach der städtebaulichen Eingriffsregelung sich von denen nach der naturschutzrechtlichen trotz der erheblichen rechtssystematischen Unterschiede sich in der praktischen Anwendung im Ergebnis nicht wesentlich voneinander unterscheiden dürften. Das gilt freilich nicht für die Zuordnung der Kompensationsmaßnahmen. Hierfür lässt die städtebauliche Eingriffsregelung den Gemeinden einen großen Spielraum. Insbesondere müssen sie die Kompensation nicht mit dem Eingriffsort verknüpfen. Bei der Vorhabenzulassung verlangt die naturschutzrechtliche Eingriffsregelung demgegenüber eine Kompensationsmaßnahme, die geeignet ist, die gestörten Funktionen des Naturhaushalts zumindest in gleichwertiger Weise im betroffenen Naturraum auszugleichen oder zu ersetzen. Die Auswahl zwischen Ausgleich und Ersatz steht nicht im Belieben der Zulassungsbehörde. Sie hat vielmehr die Maßnahme(n) festzusetzen, die den naturschutzrechtlichen Erfordernissen gerecht wird.

Andreas Korbmacher

Die Bedeutung von Fachkonventionen und Arbeitshilfen für Umweltprüfungen

Abstract: Die Bedeutung von Fachkonventionen für die Umweltprüfung in Planverfahren wird im vorliegenden Beitrag behandelt. Anhand des Habitat- und Artenschutzrechtes werden die Anforderungen an Fachkonventionen formuliert und die Entwicklungstendenzen in diesem Bereich ausgeführt.

The following article deals with the significance of conventions for the strategic environmental assessment. On the basis of the European regulations of habitat and species protection the requirements for such conventions are formulated and the development trends are outlined.

1 Vorbemerkungen

Vorhabenzulassungen und Anlagengenehmigungen, aber auch Pläne und Programme erfordern regelmäßig die Prüfung umweltrechtlicher und umweltfachlicher Fragen. Sowohl hinsichtlich der rechtlichen Anforderungen als auch hinsichtlich der fachlichen Fragestellungen scheint das Umweltrecht in permanenter und sich beschleunigender Bewegung zu sein. Kaum haben die betroffenen Rechtsanwender in einem Bereich – wie z. B. im Habitat- und Artenschutzrecht – etwas festeren rechtlichen Grund unter den Füßen, tun sich neue Problemfelder auf, die das Zeug dazu haben, noch die nächsten Juristengenerationen zu beschäftigen. Der Netzausbau nach dem NABEG ist so ein Beispiel. Die Zahl der Aufsätze hierzu ist schier unüberschaubar, und es werden immer noch nahezu täglich mehr[1]; daneben widmen sich gleich mehrere Kommentare diesem Gesetz[2], und es taugt

1 Wie die Beiträge allein aus dem laufenden Jahr belegen: Weghake, DVBl. 2016, 271; ders., NVwZ 2016, 496; Knappe, DVBl. 2016, 276; Reidt/Augustin, UPR 2016, 121; Ruge/Kohls, ZUR 2016, 23; de Witt/Durinke, ER 2016, 22; Ruge, ER 2016, 154.

2 Steinbach [Hrsg.], NABEG/EnLAG/ENWG, Kommentar, 2013; Säcker [Hrsg.], BerlKomm-EnergieR, 2014.

auch schon als Gegenstand voluminöser Dissertationen[3]. Das NABEG ist im Übrigen eines der im Umweltrecht eher selten gewordenen Beispiele, in denen der Anstoß zu einer Neuregelung nicht aus dem Europarecht kam, sondern der deutsche Gesetzgeber initiativ geworden ist. Das heißt indes nicht, dass es auf der europäischen Seite keine oder auch nur weniger Bewegung gäbe. Hier ist es immer wieder der Europäische Gerichtshof (EuGH), der mit seinen Entscheidungen neue Fragen aufwirft und tief in das deutsche Verwaltungs- und Verwaltungsverfahrensrecht eingreift, wie zuletzt mit seinem Urteil vom 15. Oktober 2015[4], mit dem er mit einem Federstrich bzw. Paukenschlag[5] das wichtige und liebgewonnene Institut der Präklusion hinweggefegt und den maßgeblich durch die Europäisierung des Verwaltungsrechts angestoßenen Funktionswandel der Verwaltungsgerichtsbarkeit weiter beschleunigt hat[6]. Aber auch die Urteile des Europäischen Gerichtshofs zur Wasserrahmenrichtlinie (WRRL), die eine strenge Sichtweise dieser für sich genommen schon nicht gerade leicht zugänglichen Richtlinie vorschreiben[7], werden noch Anlass für viele neue Fragestellungen sein, und man darf voraussagen, dass das Wasserrecht als Querschnittsmaterie dem übrigen Naturschutzrecht, insbesondere dem Habitat- und Artenschutz, in rechtlicher Hinsicht und hinsichtlich des Ermittlungs- und Bewertungsaufwands den Rang in der Planungspraxis ablaufen wird.

2 Regelungsmöglichkeiten

Die genannten Beispiele des Wegfalls der Präklusion im Anwendungsbereich der UVP-pflichtigen Vorhaben und die Konkretisierung der Anforderungen aus der WRRL stellen die Betroffenen vor neue und nicht einfache juristische Probleme, aber im gleichen Umfang auch vor neue Fragestellungen in umweltfachlicher Hinsicht. In vielen Bereichen des

3 Annegret Eding, Bundesfachplanung und Landesplanung, Diss. 2016; Tom Pleiner, Überplanung von Infrastruktur, Diss. 2016.

4 EuGH, Urt. vom 15.10.2015 Rs. C-137/14, NJW 2015, 3495 = EuZW 2016, 66.

5 Beier, UPR 2016, 48.

6 Zum Funktionswandel unter Einfluss des Europarechts instruktiv Rennert, DVBl. 2015, 793.

7 EuGH, Urteile vom 01.07.2015 Rs. C-461/13, NVwZ 2015, 1041 und vom 04.05.2016 Rs. C-346/14, NVwZ 2016, 1161.

Umweltrechts sind außerrechtliche Kategorien und Maßstäbe maßgeblich und ist fachlicher Sachverstand für die Anwendung der Normen eine unabdingbare Voraussetzung. Der außerrechtliche Sachverstand kann in ganz unterschiedlicher Form dem Rechtsanwender zugänglich gemacht werden. Die direkteste und rechtssicherste Form stellt die Festlegung der einzuhaltenden außerrechtlichen Standards[8] durch den demokratisch legitimierten Gesetzgeber dar. Im nationalen Recht sind hierfür nur relativ wenige Beispiele zu finden. Eine besonders hohe Regelungsintensität findet sich beispielsweise im novellierten Fluglärmschutzgesetz[9]. Hier kann es keinen Zweifel geben, ab wann Gefahren oder erhebliche Belästigungen durch Fluglärm entstehen und ab welchen Kennziffern Lärmschutzbereiche festzulegen sind. Der parlamentarische Gesetzgeber selbst hat insoweit die Entscheidung verbindlich getroffen, eine gerichtliche Kontrolle ist – bis zur Grenze der Verfassungswidrigkeit des Gesetzes – ausgeschlossen. Ähnliche Verbindlichkeit kommt den europäischen Verordnungen zu, die direkt und unmittelbar gelten. Als Beispiel mit großer Regelungstiefe sei hier die sog. REACH VO[10] genannt, die z. B. Beschränkungen der Herstellung, des Inverkehrbringens und der Verwendung bestimmter gefährlicher Stoffe, Gemische und Erzeugnisse regelt. Weitaus häufiger als durch den Gesetzgeber werden durch den einzelstaatlichen Verordnungsgeber Grenz-, Richt- und sonstige Werte sowie andere umweltfachliche Maßstäbe definiert. Das Bundesimmissionsschutzgesetz (BImschG)und die auf seiner Grundlage erlassenen Verordnungen sind hierfür gute Beispiele. Immerhin 39 Verordnungen sind auf der Grundlage der verschiedenen Verordnungsermächtigungen im BImSchG erlassen und teilweise auch wieder aufgehoben sowie

8 Zum Begriff des Standards vgl. Standardisierungspotential im Bereich der arten- und gebietsschutzrechtlichen Prüfung, BfN 2015, 2.1 S. 2 ff.

9 Gesetz zum Schutz gegen Fluglärm vom 31.10.2007, BGBl. I S. 2250.

10 Verordnung (EG) Nr. 1907/2006 des Europäischen Parlaments und des Rates vom 18. Dezember 2006 zur Registrierung, Bewertung, Zulassung und Beschränkung chemischer Stoffe (REACH), zur Schaffung einer Chemikalienagentur, zur Änderung der Richtlinie 1999/45/EG und zur Aufhebung der Verordnung (EWG) Nr. 793/93 des Rates, der Verordnung (EG) Nr. 1488/94 der Kommission, der Richtlinie 76/769/EWG des Rates sowie der Richtlinien 91/155/EWG, 93/67/EWG, 93/105/EG und 2000/21/EG der Kommission, ABl. L v. 29.05.2007 136/3.

zusammengefasst worden. Zu den Rechtsverordnungen treten Verwaltungsvorschriften hinzu, die ebenfalls wesentlich zur Maßstabssetzung beitragen. Hier ist auch die von der Rechtsprechung erfundene Rechtsfigur der normkonkretisierenden Verwaltungsvorschrift zu nennen. Derartige Verwaltungsvorschriften sind dadurch charakterisiert, dass sie unter bestimmten Voraussetzungen für die Gerichte verbindlich und dann wie Normen auszulegen sind. Eine Normkonkretisierung wird insbesondere bejaht für die nach § 48 BImSchG von der Bundesregierung nach Anhörung der beteiligten Kreise (§ 51 BImSchG) mit Zustimmung des Bundesrats erlassenen Verwaltungsvorschriften der TA-Luft und der TA-Lärm[11] sowie für bestimmte atomrechtliche Verwaltungsvorschriften[12]. Sie haben neben den einzuhaltenden Beteiligungsverfahren inhaltlich gemeinsam, dass sie der Ausfüllung eines der Verwaltung eingeräumten Beurteilungsspielraums dienen. Mit ihnen wird die Ausübung dieses Beurteilungsspielraums von der Einzelentscheidung im jeweiligen Verwaltungsakt in eine abstrakt generalisierende Regelung vorverlagert, um so die Einheitlichkeit des Verwaltungshandelns sicherzustellen[13]. Sie müssen allerdings verbindlichen Charakter besitzen. Regelwerke, die zwar von fachkundigen Kreisen erlassen werden, sich aber nur Empfehlungscharakter beimessen, dem Rechtsanwender also ausfüllungsbedürftige Spielräume belassen und damit keine abschließende normative Konkretisierung beanspruchen, sind daher nicht als normkonkretisierende Verwaltungsvorschriften anzusehen[14]. Normkonkretisierende Verwaltungsvorschriften sind die Ausnahme. Regelmäßig binden Verwaltungsvorschriften, gleichgültig ob es sich um normauslegende oder ermessenskonkretisierende handelt, zwar die Verwaltung, nicht aber die Gerichte. Diese dürfen ihren Entscheidungen vielmehr nur materielles Recht, zu dem Verwaltungsvorschriften nicht gehören, zu

11 BVerwG, Beschl. v. 15.02.1988 – 7 B 219.87 – NVwZ 1988, 824 = Buchholz 406.25 § 48 BImSchG Nr. 2; BVerwG, v. 10.01.1995 – 7 B 112.94 – NVwZ 1995, 994 = Buchholz 406.25 § 48 BImSchG Nr. 4 und v. 21.03.1996 – 7 B 164.95 – NVwZ-RR 1996, 498 = Buchholz 406.251 § 22 UVPG Nr. 4; BVerwG, Urt. v. 19.12.1985 – 7 C 65.82 – BVerwGE 72, 300 <320 f.>.

12 BVerwG, Urt. v. 19.12.1985, a. a. O., (Fn. 11), BVerwGE 72, 300 <320 f.>.

13 Vgl. BVerwG, Urt. v. 28.10.1998 – 8 C 16.96 – BVerwGE 107, 338.

14 Vgl. BVerwG, Urt. v. 07.04.2016 – 4 C 1.15 – BVerwGE 154, 377, Rn. 18, verneint für ICAO-Regelwerke.

Grunde legen und sind lediglich befugt, sich einer Gesetzesauslegung, die in einer Verwaltungsvorschrift vertreten wird, aus eigener Überzeugung anzuschließen[15]. Dies gilt auch und gerade im Umweltrecht. Auch hier haben die Gerichte regelmäßig im Einzelfall festzustellen, was beispielsweise eine allgemein anerkannte Regel der Technik oder Stand der Technik ist[16].

Nicht zu den Verwaltungsvorschriften gehören die im Umweltrecht weit verbreiteten Arbeitshilfen, Leitfäden, Merkblätter und sonstigen Handreichungen, wie sie etwa vom Bundesverkehrsministerium oder den Landesministerien und der Länderarbeitsgemeinschaft Naturschutz und anderen staatlichen Stellen insbesondere zum deutschen und europäischen Habitat- und Artenschutzrecht herausgeben werden[17]. Zwar besitzen sie zum Teil normauslegenden Charakter und wollen das Handeln der Adressaten vereinheitlichen; anders als Verwaltungsvorschriften messen sie sich aber eher empfehlenden Charakter bei und wenden sich regelmäßig auch an Stellen außerhalb der Verwaltung wie Planungsbüros und sonstige am Planungsverfahren und der Vorhabenverwirklichung Beteiligte. Ziel und Zweck der Arbeitshilfen ist es in erster Linie, Methoden und außerrechtliche Standards zu bestimmen und gleichzeitig zu vereinheitlichen und hierdurch die Fehleranfälligkeit von Entscheidungen zu verringern. Zielrichtung, Umfang und Detailliierungsgrad der Handreichungen und Leitfäden variieren dabei sehr stark, ohne dass die unterschiedlichen Bezeichnungen eine inhaltliche Systematisierung erlaubten. Vergleichbare Arbeitshilfen sind auch von europäischen Stellen, hier vor allem der Kommission, erlassen worden. So gibt es mehrere ausführliche Kommissionsleitfäden, die sich mit dem Schutzsystem für Tierarten von gemeinschaftlichem Interesse befassen[18].

---

15 BVerfG, Beschl. v. 31.05.1988 – 1 BvR 520/83 – BVerfGE 78, 214, 227.

16 BVerfG, Beschl. v. 08.08.1978 – 2 BvL 8/77 – BVerfGE 49, 89,135.

17 BMVBW, Leitfaden zur FFH-Verträglichkeitsprüfung im Bundesfernstraßenbau (2004), BMVBS, Arbeitshilfe Fledermäuse und Straßenverkehr (2011), BMVBS, Arbeitshilfe Vögel und Straßenverkehr (2010); LANA, Vollzugshinweise zum Artenschutz (2010); Staatsministerium f. Wirtschaft, Arbeit und Verkehr, Planung und Gestaltung von Querungshilfen für Fledermäuse (2012).

18 Leitfaden zum strengen Schutzsystem für Tierarten von gemeinschaftlichem Interesse im Rahmen der FFH-Richtlinie 92/43/EWG; Prüfung der Verträglichkeit von Plänen und Projekten mit erheblichen Auswirkungen auf NATURA-2000-Gebiete. Methodik-Leitlinien zur Erfüllung der Vorgaben des Art. 6 Abs. 3 und 4 der Habitat-Richtlinie 92/43/EWG; Natura 2000-Gebietsmanagement.

Eine unterscheidbare eigenständige Kategorie stellen die sogenannten Fachkonventionen dar. Als Fachkonvention werden fachliche Übereinkünfte bezeichnet, die Standards (begriffliche, inhaltliche, methodische, aber auch Ziel- und Grenzwertstandards) festlegen, um so zu einer einheitlicheren und nachvollziehbareren Entscheidung zu kommen[19]. Fachkonventionen sind dadurch gekennzeichnet, dass ihnen in aller Regel Forschungs- und Entwicklungsvorhaben des Bundes oder anderer öffentlicher Auftraggeber vorausgehen und sie auf einem breiten fachwissenschaftlichen Konsens beruhen, der Ergebnis einer repräsentativen Beteiligung aller relevanten Vertreter einer Fachdisziplin ist[20]. Sie haben das erklärte Ziel, vorhandene Wissenslücken zu schließen und offene wissenschaftliche Diskussionen durch eine Standardsetzung sowohl in methodischer Hinsicht als auch mit Blick auf die Bewertung einem Ergebnis zuzuführen.

3 Verbindlichkeit von Standardisierungen und Rechtskontrolle

Je nachdem, welches Regelungsinstrument zur Bestimmung außerrechtlicher Maßstäbe oder Standards gewählt wird, sind Unterschiede bei dem Maß der demokratischen Legitimation der Standardsetzung und – daraus folgend – der Verbindlichkeit des Standards sowie der rechtlichen Kontrolle des Anwendungsergebnisses festzustellen. Eine gesetzliche Festlegung eines Grenz-, Leit- oder Richtwerts stellt eine abstrakt-generelle Regelung dar, die eine Prüfung, ob dieser Wert dem Einzelfall gerecht wird, in die eine wie die andere Richtung ausschließt. Auch wenn im Einzelfall eine Überschreitung keine negativen Auswirkungen zeitigen würde, muss der Standard eingehalten werden, genauso wie es ausgeschlossen ist, im Einzelfall mehr zu verlangen als gesetzlich gefordert. Damit aktualisiert sich die mit einer generell-abstrakten Regelung angestrebte Wirkung einer einzelfallunabhängigen Definition eines Standards. Die gesetzlichen Standardisierungen sind auch

Die Vorgaben des Art. 6 der Habitat-Richtlinie 92/43/EWG; Auslegungsleitaden zu Art. 6 Abs. 4 der Habitat-Richtlinie 92/43/EWG; Vgl. auch BVerwG, Urt. v. 28.03.2013 – 9 A 22.11 – BVerwGE 146, 145, Rn. 44.

19 Bick, jurisPR-BVerwG 20/2014 Anm. 4.

20 Vgl. Storost, UPR 2015, 47, 48 und Bick, NuR 2016, 73, 76.

gegen eine gerichtliche Kontrolle in besonderer Weise immunisiert. Nur dem Bundesverfassungsgericht kommt das Recht zu, ein Gesetz zu verwerfen.

Hinsichtlich des Umfangs der gerichtlichen Überprüfbarkeit sind Verordnungen weit weniger unangreifbar als Gesetze. Anders als bei diesen hat das Bundesverfassungsgericht bei Verordnungen nicht das Verwerfungsmonopol, sondern in jedem gerichtlichen Verfahren kann und muss gegebenenfalls geprüft werden, ob die Verordnung der gesetzlichen Ermächtigung (noch) entspricht und auch im Übrigen rechtmäßig ist. Bestehen in dieser Hinsicht aber keine Bedenken, sind die einzuhaltenden Grenz- und sonstigen Werte sowie die Berechnungs- und Beurteilungsverfahren normativ vorgegeben und rechtlich allein maßgeblich; sie können nicht mit dem Einwand in Frage gestellt werden, andere Werte oder Methoden seien vorzugswürdig. Dies gilt uneingeschränkt allerdings nur solange sich kein mit der Verordnung nicht in Einklang stehender wissenschaftlicher Erkenntnisstand durchgesetzt hat, sondern technisch-wissenschaftliche Unsicherheiten (fort)bestehen und deshalb dem Verordnungsgeber ein weiter Einschätzungs-, Wertungs- und Gestaltungspielraum einzuräumen ist[21]. Letzterer geht mit der Verpflichtung einher, diese Norm unter Kontrolle zu halten und gegebenenfalls neue Erkenntnisse zu bewerten und gewichten[22].

Interessant ist in diesem Zusammenhang, dass das Bundesverfassungsgericht bei der Beurteilung komplexer, wissenschaftlich umstrittener Gefährdungslagen eine klare Rollenverteilung zwischen Exekutive und Gerichten im Hinblick auf Funktion und Verfahrensweise betont. Es hebt hervor, es läge auf der Hand, dass die gerichtliche Beweiserhebung anlässlich eines konkreten Streitfalls bei komplexen, international erörterten und untersuchten wissenschaftlich-technischen Fragestellungen keine Gesamteinschätzung des komplexen Streitstoffs leisten könne[23]. Dies ist insofern von Interesse, als hier - so deutlich wie selten zuvor - die Funktionsgrenzen zwischen Gerichten und Exekutive betont und am konkreten Beispiel veranschaulicht werden.

---

21 BVerwG, Urt. v. 21.12.2010 – 7 A 14.09 – NVwZ 2011, 676 und Urt. v. 18.03.998 – 11 A 55.96 – BVerwGE 106, 241 zum sogenannten Schienenbonus, der mit der Änderung der 16. BImSchV zum 01.01.2015 weggefallen ist.

22 BVerwG, Urt. v. 18.03.1998, a. a. O., (Fn. 21), BVerwGE 106, 241, 249.

23 BVerfG, Beschl. v. 28.02.2002 – 1 BvR 1676/01 – NJW 2002, 1638.

Vergleichbar mit Gesetz und Verordnung sind ihrer Funktion bei der Rechtsanwendung nach die normkonkretisierenden Verwaltungsvorschriften. Sie sind von den Gerichten wie Normen auszulegen. Der gerichtlichen Kontrolle sind sie dagegen nicht entzogen[24]. Etwas anders liegt es bei den Arbeitshilfen und Fachkonventionen. Sie können die Gerichte rechtlich nicht in gleicher Weise binden und unterliegen der gerichtlichen Überprüfung. Ihre Bedeutung zeigt sich bei der Konkretisierung der außerrechtlichen Maßstäbe und damit der Rechtskontrolle von Verwaltungsentscheidungen. Dies soll im Folgenden an dem Beispiel des Habitat- und Artenschutzes näher untersucht werden.

4 Arbeitshilfen und Fachkonventionen im Habitat- und Artenschutzrecht

Das europäische Habitat- und Artenschutzrecht und das dessen Vorgaben in das deutsche Recht umsetzende Bundesnaturschutzgesetz sind von einer geringen Regelungsdichte und Detailschärfe. Die FFH-RL verbietet „erhebliche Beeinträchtigungen" der ausgewiesenen Schutzgebiete, ohne dass Maßstäbe dafür genannt oder gar definiert werden. Erst der Europäische Gerichtshof hat in seiner Rechtsprechung herausgearbeitet, wann eine erhebliche Störung vorliegt, nämlich dann, wenn Pläne oder Projekte „drohen, die für dieses Gebiet festgelegten Erhaltungsziele zu gefährden[25]". Er hat zudem vorgegeben, dass die an diesem Maßstab vorzunehmende FFH-Verträglichkeitsprüfung die „Berücksichtigung der besten einschlägigen wissenschaftlichen Erkenntnisse" erfordert[26], diese Prüfung lückenlos sein und vollständige, präzise und endgültige Feststellungen enthalten muss, die jeden vernünftigen wissenschaftlichen Zweifel hinsichtlich der Auswirkungen ausschließen[27]. Die nationalen Gerichte haben die Einhaltung dieser Kriterien durch die Behörden zu überprüfen. Das Bundesverwaltungsgericht hat mit seinem Urteil

24 Vgl. BVerwG, a. a. O., (Fn. 14), BVerwGE 154, 377, Rn. 18.

25 EuGH, Urt. v. 07.09.2004 – C-127/02 – EuZW 2004, 730, Rn. 49.

26 Seit EuGH, Urt. v. 07.09.2004 ständige Rspr. vgl. aus der neueren Rspr. etwa Urt. v. 11.04.2013 Rs. C-258/11 - [EU:C:2013:220] –Sweetman, Rn. 40, 44 und vom 24.11.2011 Rs. C-404/09 [EU:C:2011:768] - Kommission/Spanien, Rn. 99.

27 EuGH, Urt. v. 24.11.2011, a. a. O., (Fn. 26), Rn. 100 m. w. N.

zur Westumfahrung Halle[28] die Vorgaben in das nationale Recht umgesetzt. Bereits in dieser ersten Entscheidung spielte die Frage, wie man mit wissenschaftlichen Erkenntnisdefiziten umgeht, eine wichtige Rolle. So hat das Bundesverwaltungsgericht auf denn damals noch experimentellen Charakter der Bemühungen, unter Heranziehung der „Critical Loads" zu einer Einschätzung der Risiken des verkehrsbedingten Stickstoffeintrags zu gelangen, hingewiesen und die an sich wünschenswerte Entwicklung standardisierter Reaktions- und Belastungsschwellen als noch nicht abgeschlossen bezeichnet. Dafür spreche, dass sich das Konzept der „Critical Loads" lediglich auf Kurzzeitbeobachtungen stütze, während methodisch nur Langzeitstudien zuverlässige Aussagen über Vegetationsschäden erbringen könnten. In dieser Situation ist es, so das Bundesverwaltungsgericht weiter, denkbar, dass für die Risikoeinschätzung verschiedene methodische Ansätze zur Verfügung stehen, ohne dass sich die eine oder andere Methode von vornherein dem Vorwurf der Unwissenschaftlichkeit aussetze. Entscheide sich die Planfeststellungsbehörde in dieser Situation dafür, eine dieser Methoden zu bevorzugen, gehöre es zum wissenschaftlichen Standard, die Methodenwahl nachvollziehbar zu begründen. Ob dies gelungen sei, unterliege im Streitfall der tatrichterlichen Würdigung. Je unzweifelhafter eine von der Behörde verwertete gutachterliche Äußerung als Ausdruck der Sachkunde, Unparteilichkeit und Objektivität zu qualifizieren sei, desto unbedenklicher eigne sie sich auch als Stütze der richterlichen Entscheidungsfindung[29].

Hier wird bereits angedeutet, dass Fachkonventionen dann, wenn sie auf einem belastbaren Forschungsstand beruhen, die an sich notwendige Einzelfallprüfung zwar nicht ersetzen, aber wesentlich vereinfachen können, weil davon auszugehen ist – so die unausgesprochene Prämisse des Bundesverwaltungsgerichts –, dass eine solche Fachkonvention die besten einschlägigen wissenschaftlichen Erkenntnisse wiedergibt und sie daher von der Behörde und im Nachhinein auch den Gerichten zugrunde gelegt werden kann. Das Urteil stellt dabei keine Anforderungen an das Verfahren beim Zustandekommen der Fachkonventionen und an deren Inhalt auf.

28 BVerwG, Urt. v. 17.01.2007 – 9 A 20.05 – BVerwGE 128, 1.
29 Vgl. BVerwG, Beschl. v. 24.02.2004 – 4 B 101.03 – juris, Rn. 16; BVerwG, a. a. O., (Fn. 28), BVerwGE 128, 1, Rn. 109.

Das wird erst viel später nachgeholt in dem Urteil des 9. Senats vom 23. April 2014[30]. Das Bundesverwaltungsgericht definiert die Anforderungen allerdings nicht obersatzmäßig, sondern beschränkt sich darauf, das der Fachkonvention vorangegangene Forschungs- und Entwicklungsvorhaben (FuE-Vorhaben) zu beschreiben: Es verfolge das Ziel, eine Methode zur Erfassung und Bewertung von Stickstoffeinträgen im Rahmen von FFH-Verträglichkeitsprüfungen für den Neu- oder Ausbau von Straßen zu entwickeln. Hierfür gebe es einen aktuellen Überblick zum Wissensstand und leite daraus methodische Empfehlungen ab. In verfahrensrechtlicher Hinsicht erwähnt das Gericht den Umstand, dass an dem Vorhaben zahlreiche ausgewiesene Fachleute mitgearbeitet hätten und zur Konventionsbildung zahlreiche Expertengespräche durchgeführt worden seien. Neben regelmäßigen Treffen des Fachbetreuerkreises zum FuE-Vorhaben hätten zwei Sitzungen eines projektbegleitenden Arbeitskreises sowie ein zweitägiges Expertengespräch mit ausgewählten externen Wissenschaftlern und Fachleuten aus der Genehmigungspraxis stattgefunden. Im Ergebnis geht das Bundesverwaltungsgericht daher davon aus, dass dieser FuE-Bericht derzeit die im oben genannten Sinne „besten einschlägigen wissenschaftlichen Erkenntnisse" zur Ermittlung der Belastung durch Stickstoffeinträge in geschützte Lebensräume widerspiegele und betont, dass allein der pauschale Verweis auf andere Auffassungen einzelner Wissenschaftler nicht genüge, um diese Fachkonvention in Frage zu stellen.

Im Zusammenhang mit artenschutzrechtlichen Fragestellungen hat das Bundesverwaltungsgericht die Bedeutung der Fachkonventionen noch stärker betont: Verweise das Gesetz auf außerrechtliche Kategorien, habe sich die behördliche Prüfung und deren gerichtliche Kontrolle vorrangig an einschlägigen Konventionen und Standards zu orientieren, die die herrschenden fachwissenschaftlichen Auffassungen wiedergeben[31]. Gleichzeitig hat das Gericht deutlicher als im Habitatrecht die Folgen fehlender fachwissenschaftlicher Standards und Methoden hervorgehoben: Fehlt es sowohl an rechtlichen Vorgaben als auch an einschlägigen Standardisierungen, die die Billigung

30 BVerwG, Urt. v. 23.04.2014 – 9 A 25.12 – BVerwGE 149, 289, Rn. 37 f.

31 BVerwG, Urt. v. 12.03.2008 – 9 A 3.06 – BVerwGE 130, 299 und vom 06.11.2012 – 9 A 17.11 – Buchholz 451.91 Europ. UmweltR Nr. 52 Rn. 46 f. <insoweit nicht veröffentlicht in BVerwGE 145, 40>).

staatlicher Stellen und der Fachöffentlichkeit gefunden haben, lassen sich Art und Umfang, Methodik und Untersuchungstiefe der erforderlichen fachgutachterlichen Untersuchungen nur allgemein umschreiben und hängen sie maßgeblich von den Umständen des Einzelfalles ab. Hat sich hinsichtlich einer umweltfachlichen Fragestellung noch kein Stand der Wissenschaft entwickelt, fehlt es den Gerichten an der auf besserer Erkenntnis beruhenden Befugnis, eine fachliche Einschätzung der sachverständig beratenen Behörde als „falsch" und „nicht rechtens" zu beanstanden. Deren Annahmen sind daher nur einer eingeschränkten gerichtlichen Kontrolle zugänglich.

Diese Zurücknahme des Kontrollmaßstabs wird immer wieder in Frage gestellt und kritisiert[32]. In der Tat ist die Rechtsprechung des Bundesverfassungsgerichts in diesem Punkt strikt und die Reduktion des gerichtlichen Kontrollmaßstabs an enge Voraussetzungen geknüpft. Allerdings, wenn man sich die oben zitierten Passagen des Bundesverfassungsgerichts zu den Funktionsgrenzen der Gerichtsbarkeit bei der Klärung ungesicherter wissenschaftlich-technischer Fragen ansieht, kann man sicher mit einiger Berechtigung die Zurücknahme des Kontrollmaßstabs auf das in einem Gerichtsverfahren vertretbare Maß begründen. Die Gerichte können eben nicht den Rechtsstreit für sechs bis sieben Jahre aussetzen, um ein Forschungsvorhaben zu vergeben und die ungeklärten Fragen in einem breiten Diskussionsprozess klären zu lassen. Hier muss man letztendlich mit Risikoeinschätzungen, Analogieschlüssen, Prognosen und Beurteilungsspielräumen arbeiten; alles das läuft aber darauf hinaus, sich im gerichtlichen Verfahren auf eine Überprüfung der Methodik und der Vertretbarkeit des gefundenen Ergebnisses zu beschränken und der Exekutive ein Letztentscheidungsrecht zuzugestehen.

5 Anforderungen an Fachkonventionen

Die Anerkennung von Fachkonventionen als Standardisierungsinstrument ist an verfahrensrechtliche und inhaltliche Voraussetzungen geknüpft. Da Fachkonventionen gerade da ihren Platz haben, wo in technisch-naturwissenschaftlichen Bereichen Unsicherheiten und Wissenslücken bestehen,

---

32 Gellermann, NuR 2014, 597, 602; Brandt, NuR 2013, 482, 484; Gassner, DVBl. 2012, 1479; differenzierend Storost, a. a. O., (Fn. 20), 47, 49; Jacob/Lau, NVwZ 2015, 242, 247 f.

wird ihnen regelmäßig ein Forschungsvorhaben vorausgehen. Gerade die Beurteilung und Bewertung von Langzeitwirkungen ist das Feld, auf dem die FuE-Vorhaben ihren Platz haben und auf dem der einzelne Sachverständige regelmäßig keine gesicherten Erkenntnisse liefern kann und damit auch im gerichtlichen Verfahren die oben schon beschriebenen Funktionsgrenzen erreicht werden.

Nur durch eine repräsentative Beteiligung aller relevanten Vertreter betroffener Fachkreise kann die notwendige wissenschaftliche Qualität und damit auch die Akzeptanz in der behördlichen und gerichtlichen Praxis erreicht werden. Auch die obersten für den Umweltschutz zuständigen Landes- oder Bundesbehörden sind zu beteiligen. Dies ist allerdings in aller Regel schon dadurch sichergestellt, dass den Fachkonventionen Forschungs- und Entwicklungsvorhaben vorausgehen, die regelmäßig von staatlichen Stellen angeschoben und finanziert werden. Auftragnehmer sind meist private Umwelt- und Planungsbüros, Umweltverbände tauchen dagegen in der Liste der an den Forschungsarbeiten Beteiligten nicht auf. Dies mag seine Erklärung darin finden, dass es die Möglichkeiten der Umweltvereinigungen übersteigt und letztlich auch nicht ihre Zielsetzung ist, sich an Forschungsvorhaben zu beteiligen. Allerdings dürften diese Anwälte der Natur zu den Expertengesprächen hinzuzuziehen sein und insbesondere bei der sich daran anschließenden Diskussion der Ergebnisse ist ihre Einbindung wünschenswert, um die Akzeptanz der Fachkonventionen zu fördern. Die Akzeptanzerwartung in den einschlägigen wissenschaftlichen Kreisen ist das Ziel und auch die einzige fachübergreifend zu fordernde inhaltliche Anforderung an die Fachkonventionen. Das bedeutet nicht, dass jede kritische Würdigung in der Fachwelt die Ergebnisse des Konventionsbildungsprozesses in Frage zu stellen geeignet wäre. Einzelne Stimmen in der Wissenschaft, die sich der Konvention nicht anschließen, obliegt die – untechnisch gesprochen – Beweislast dafür, dass der Konventionsvorschlag falsch und ihre Auffassung richtig ist[33]. Gelingt eine derart fundierte Kritik, ist die Fachkonvention für die außerrechtliche Maßstabsbildung ungeeignet.

33 Kritik an der FFH-VP Fachkonvention üben z. B. Fretzer/Möckel, NuL 2015, 117. Sie schlagen ein eigenes Ecopath-Ökosystemmodell vor. Hiergegen wiederum Bernotat u. a., NuL 2015, 215 und dazu erneut Fretzer/Möckel, NuL 2015, 226.

Ebenso wie bei den Verordnungen und normkonkretisierenden Verwaltungsvorschriften wird man bei den Fachkonventionen fordern müssen, dass sie unter Kontrolle gehalten werden. Es bedarf sicher nicht einer laufenden Aktualisierung. Eine Aktualisierungspflicht würde dem Charakter der Fachkonventionen als einer Fixierung eines nach einem längeren Forschungs- und Diskussionsprozesses gewonnenen Erkenntnisstandes widersprechen und letztlich den praktischen Nutzen einer Standardisierung in Frage stellen. Wohl aber ist eine Beobachtungspflicht zu fordern, die darauf gerichtet sein muss, zu erkennen, ob sich inzwischen neue Erkenntnisse in der wissenschaftlichen Forschung ergeben und verfestigt haben[34].

Bei der Anwendung von Fachkonventionen hat es sich in gerichtlichen Verfahren als Problem erwiesen, dass der Verfahrensstand für Außenstehende nur schwer nachvollziehbar ist. Das ist bei der oft sehr langen Erarbeitungszeit misslich, denn die Entwürfe werden vielfach schon vor ihrer offiziellen Verabschiedung herangezogen, teilweise auch deshalb, weil die Planungsbüros, die mit der FFH-Prüfung betraut werden, gleichzeitig maßgeblich an der Erstellung der Studien beteiligt sind. Eine gewisse Geheimniskrämerei ist dabei zu beobachten, die vielleicht typisch ist für einen komplizierten Meinungsfindungs- und Abstimmungsprozess, der ja auch immer verknüpft ist mit rechtlichen Vorgaben und Bewertungen. Im gerichtlichen Verfahren bedeutet dies, dass eine Fachkonvention nur dann voll verwertbar ist, wenn sich die Beteiligten zur ihr äußern konnten. Daher hat sich das Bundesverwaltungsgericht in seinem Urteil vom 23. April 2014[35], anders als noch in einem vorangegangenen Verfahren, nicht unmittelbar auf die Fachkonvention stützen können, da der Kläger unwiderlegbar geltend gemacht hatte, er kenne den letzten Entwurf der Fachkonvention, der zudem erst nach Erlass des Planfeststellungsbeschlusses veröffentlicht wurde, nicht.

6 Entwicklungstendenzen bei den Fachkonventionen

Neuere Versuche von Konventionsbildungen im FFH-Recht wagen sich an komplexere Fragestellungen heran. Ich habe hier den Endbericht des FuE-Vorhabens „Bewertung von Alternativen im Rahmen der Ausnahmeprüfung

34 In diesem Sinne wohl auch Bick, a. a. O., (Fn. 20), S. 76.

35 BVerwGE 149, 289, Rn. 8, 43.

nach europäischem Gebiets- und Artenschutz“ vom Dezember 2014 vor Augen. Schwerpunkt ist nach der eigenen Aufgabenbeschreibung die Erarbeitung einer praxisorientierten Arbeitshilfe zur Alternativenbewertung. Das Vorhaben soll vor dem Hintergrund unterschiedlicher, nicht ohne weiteres vergleichbarer Betroffenheiten der jeweiligen Vorhabenvarianten Empfehlungen für die vergleichende Bewertung der naturschutzfachlichen Aspekte liefern. Interessanterweise ist es expliziter Ansatz dieses Forschungsvorhabens, eine gegenüber der bisherigen Rechtsprechung des Bundesverwaltungsgerichts differenziertere Alternativenprüfung bei gleichzeitiger Beeinträchtigung zweier FFH-Gebiete vorzunehmen.

Das Bundesverwaltungsgericht vertritt in ständiger Rechtsprechung die Auffassung, dass dann, wenn sowohl die planfestgestellte als auch eine Planungsalternative FFH-Gebiete berühren, im Rahmen einer Grobanalyse allein auf die Schwere der Beeinträchtigung nach Maßgabe der Differenzierungsmerkmale des Art. 6 FFH-RL abzustellen ist, also nur zu untersuchen ist, ob die betroffenen Lebensraumtypen prioritär oder nicht prioritär sind. Demgegenüber haben die bei der Gebietsmeldung zu beachtenden Feindifferenzierungskriterien (Art. 4 Abs. 1 Unterabs. 1 Satz 1 FFH-RL i. V. m. Anhang III Phase 1) beim Trassenvergleich außer Betracht zu bleiben; innerhalb der genannten Gruppen ist also nicht nochmals nach der Wertigkeit und der Anzahl der betroffenen Lebensraumtypen oder Arten sowie der jeweiligen Beeinträchtigungsintensität zu differenzieren[36].

Der neue Fachkonventionsentwurf hält es demgegenüber naturschutzfachlich für naheliegender, die Alternativen in einem ersten Schritt entsprechend der Intensität ihrer Beeinträchtigung zu reihen. In diesem Sinne könnten auch die Empfehlungen der EU-Kommission zur Alternativenbetrachtung interpretiert werden. Zur Begründung nimmt der Endbericht u. a. auf die „Spanische Flagge“ Bezug und betont, dass Betroffenheiten dieser Art naturschutzfachlich weit weniger schwer wögen als die Betroffenheit von nicht prioritären Lebensraumtypen und Arten, insbesondere wenn die quantitative

36 Urt. v. 13.12.2007 – 4 C 9.06 – BVerwGE 130, 83, Rn. 67; BVerwG, a. a. O., (Fn. 28), BVerwGE 128, 1, Rn. 143, BVerwG, v. 12.03.2008, a. a. O., (Fn. 31), BVerwGE 130, 299, Rn. 170 f. und vom 06.11.2013 – 9 A 14.12 – BVerwGE 148, 373, Rn. 74 f.; für Vorhabenalternativen an ein- und demselben Standort differenzierend Beschl. v. 06.03.2014 – 9 C 6.12 – juris, Rn.50 f.

Dimension von ersteren nur knapp oberhalb der Erheblichkeitsschwelle und die Dimensionen von letzteren sowohl in Anzahl als auch flächenmäßiger Betroffenheit deutlich höher seien. Nun kann man sicherlich die Rechtsprechung zur Alternativenprüfung für zu holzschnittartig halten, und es ist gut, eine fachlich fundierte Kritik als Grundlage einer Auseinandersetzung zu äußern. Allerdings muss diese Kritik auch realisieren, dass der Aufwand der Erstellung einer Fachkonvention u. U. vergebens sein könnte, dann nämlich, wenn die Rechtsprechungan ihrer holzschnittartigen Auffassung festhält. Nicht unbedingt zielführend erscheint es auch, zur Begründung der differenzierteren Sichtweise darauf zu rekurrieren, dass eine Art (Spanische Flagge) zu Unrecht und zu pauschal als prioritäre Art gekennzeichnet wurde. Eine Änderung der Anlage 2 FFH-Richtlinie dürfte noch weniger realistisch sein als eine Änderung der Rechtsprechung des Bundesverwaltungsgerichts.

Abgesehen davon ist jedenfalls auf den ersten Blick die Fachkonvention, die immerhin auf über 220 Seiten die Frage der Alternativen behandelt–, nicht einfach handhabbar. Sie verwendet zudem Orientierungswerte basierend auf umfangreichen und sehr kleinteilig differenzierenden Skalierungen. Dies lässt fraglich erscheinen, ob hier wirklich mit einer allgemeinen Anerkennung der Fachkonvention in der fachwissenschaftlichen Welt gerechnet und das Ziel, eine praxistaugliche Handreichung zu entwickeln, erreicht werden kann. Es wird spannend sein, die ersten Planungsentscheidungen zu lesen, die sich auf diese Konvention stützen.

Ähnlichen Bedenken begegnet der Standardisierungsversuch zur Bewertung der Mortalität wild lebender Tiere im Rahmen von Projekten und Eingriffen. Auch diese Fachkonvention arbeitet mit aggregierten Indizes und kommt zu einem „Mortalitäts-Gefährdungs-Index“ für die „Relevanzerprobung anthropogener Mortalität“ indem sie den „Populationsökologischen Sensibilitätsindex (PSI)“ und den „Naturschutzfachlichen Wertindex (MGI)“ zum Mortalitätsgefährdungsindex aggregiert. Dies führt dann für die in Deutschland vorkommenden Artengruppen zu insgesamt 13 Gefährdungsklassen, die mit dem Braunbär und der Großen und Kleinen Hufeisennase beginnen und mit der – soweit erkennbar – unter keinem rechtlichen Gesichtspunkt relevanten Großen Stubenfliege enden.

Bedenken, ob mit Fachkonventionen und Arbeitshilfen wirklich der berühmte Quantensprung vorwärts gemacht werden kann, speisen sich auch aus den Erfahrungen, die z. B. mit Verkehrsprognosen gemacht wurden.

Obwohl hier nach der ständigen Rechtsprechung des Bundesverwaltungsgerichts nur eine eingeschränkte gerichtliche Kontrolle daraufhin möglich ist, ob die Sachverständigen methodengerecht gearbeitet haben und die zugrunde liegenden Annahmen in sich schlüssig sind, haben in der gerichtlichen Praxis eine Weile lang Fragen der richtigen Verkehrsprognostik eine große Rolle gespielt. Und auch bei den naturschutzfachlichen Arbeitshilfen ist die Hoffnung, dass die in ihnen enthaltenen Empfehlungen allgemein akzeptiert werden, bereits enttäuscht worden. So hat das Bundesverwaltungsgericht in seinem A-20-Urteil unter Hinweis auf verschiedene Arbeitshilfen und die darin empfohlenen Methoden bei der Bestandserfassung von Fledermäusen eine reine Potenzialanalyse als nicht auf der „sicheren Seite" liegend erachtet und deshalb die Verwendung der besten wissenschaftlichen Erkenntnisse verneint. Wenn man dachte, dass damit in zukünftigen Verfahren geklärt sei, dass bei Einhaltung der in den aufgezählten Arbeitshilfen vorgeschlagenen Methodik die Bestandserfassungen außer Streit stehen würden, sah sich bald getäuscht. Genau das Gegenteil ist eingetreten. Die vom Bundesverwaltungsgericht beim Abschnitt der A 20 in Bad Segeberg empfohlene Arbeitshilfe wurde von dem gleichen Sachverständigen, der in diesem Verfahren das Fehlen des in der Arbeitshilfe geforderten Methodenmix kritisiert hat, in einem der nächsten Abschnitte, in dem sich der Vorhabenträger an diese Arbeitshilfe gehalten hatte, als unzureichend und nicht dem Stand der Wissenschaft entsprechend in Frage gestellt[37].

Zusammenfassung

Standardsetzungen sind im Umweltrecht sinnvoll und wünschenswert. Sie dienen dazu, naturschutzfachliche Maßstäbe zu konkretisieren und so deren Anwendung in gesetzlichen Tatbeständen durch Behörden und Gerichte zu erleichtern. Hierzu müssen sie bestimmten Anforderungen an Inhalt und Verfahren genügen. Vorzugswürdig sind rechtlich verbindliche Standardsetzungen durch den Gesetz- oder Verordnungsgeber. Für sie spricht auch ihre demokratische Legitimation, die den untergesetzlichen Regelungen fehlt. Insbesondere sollte von den vorhandenen Verordnungsermächtigungen konsequenter Gebrauch gemacht werden. Standardsetzungen in Form

37 BVerwG, Urt. v. 28.04.2016 – 9 A 9.15 – juris, Rn. 123.

von Fachkonventionen sind ebenfalls geeignet, naturschutzfachliche Fragen mit hoher faktischer Verbindlichkeit zu klären. Gerade die Beurteilung und Bewertung von Langzeitwirkungen ist das Feld, auf dem die FuE-Vorhaben ihren Platz haben und auf dem der einzelne Sachverständige regelmäßig keine gesicherten Erkenntnisse liefern kann und damit auch im gerichtlichen Verfahren Funktionsgrenzen erreicht werden. Inhaltlich ist eine breite Beteiligung von ausgewiesenen Vertretern von Wissenschaft und Praxis zu fordern. Nur durch eine repräsentative Beteiligung aller relevanten Vertreter betroffener Fachkreise kann die notwendige wissenschaftliche Qualität und damit auch die Akzeptanz in der behördlichen und gerichtlichen Praxis erreicht werden. Die Einbeziehung von Umweltverbänden in den Erstellungs- und Diskussionsprozess ist wünschenswert und steigert die Anerkennung von Fachkonventionen. Um in der gerichtlichen Praxis verwertet werden zu können, müssen Fachkonventionen allgemein zugänglich sein.

Olaf Reidt

Zum Verhältnis von Bauleitplanung und privilegierten Fachplanungen

Abstract: In diesem Beitrag erläutert der Autor das Verhältnis von Bauleitplanung und privilegierten Fachplanungen nach § 38 BauGB.

In the following article the author explains the relation of urban land-use planning and privileged sectoral planning according to sec. 38 BauGB (Federal Building Code).

Für das Verhältnis von Bauleitplanungen zu privilegierten Fachplanungen enthält § 38 BauGB eine der zentralen Vorschriften. Diese stellt insbesondere planfeststellungsbedürftige Vorhaben von den Anforderungen der §§ 29–37 ff. BauGB frei, d. h. die betreffenden Vorhaben müssen die sich daraus ergebenden bauplanungsrechtlichen „Spielregeln" nicht einhalten, um genehmigungsfähig zu sein. Stattdessen sind städtebauliche Belange, die sich aus den §§ 29–37 BauGB ergeben, nur zu berücksichtigen, sind also Gegenstand der fachplanungsrechtlichen Abwägung. Darin liegt vor allem in Fällen, in denen Gemeinden Bebauungspläne aufgestellt haben, die dann von einem planfeststellungsbedürftigen Vorhaben nicht eingehalten werden müssen, eine deutliche Relativierung der kommunalen Planungshoheit. Diese Einschränkung ist, vorbehaltlich einer Abwägung im konkreten Einzelfall, aufgrund der Bedeutung gerechtfertigt, die nach der gesetzgeberischen Wertung insbesondere planfeststellungsbedürftigen Vorhaben im Gemeinwohlinteresse zukommt. Dabei erschließt sich die Reichweite von § 38 BauGB aus dem Wortlaut der Vorschrift nur eingeschränkt. Sie geht über die Freistellung der erfassten Vorhaben von den §§ 29–37 BauGB nicht zuletzt deshalb hinaus, weil sich gleichzeitig auch Beschränkungen für die kommunale Bauleitplanung als solche ergeben. Dies gilt insbesondere in Fällen, in denen für ein bestimmtes Vorhaben (z. B. für eine Straße) ein Planfeststellungsbeschluss bereits erlassen wurde. Aber auch in Fällen, in denen sich die Planfeststellung eines bestimmten Vorhabens hinreichend konkret abzeichnet, kann aufgrund der damit bereits einhergehenden „Vorwirkungen" ein Bebauungsplan, der dem zuwider läuft, nicht oder jedenfalls nur uneingeschränkt vollzogen werden. Dies steht daher ggf. auch bereits seinem Erlass entgegen.

1 § 38 BauGB als Konfliktlösungsregelung

Für das Verhältnis der Bauleitplanung zu anderen Planungen öffentlicher Planungsträger und deren Verhältnis zueinander gibt es keine generell anwendbare Konfliktlösungsregel. Vielmehr bestimmt sich dies nach allgemeinen Grundsätzen, soweit keine sondergesetzliche Regelung besteht. § 38 BauGB stellt eine solche Sonderregelung für den Bereich des Bauplanungsrechts dar. Die Norm enthält für die nach § 38 Satz 1 BauGB privilegierten Vorhaben eine Freistellung von der strikten Bindung der §§ 29 bis 37 BauGB. Sie führt neben der Freistellung insbesondere planfeststellungsbedürftiger Vorhaben von den Anforderungen der §§ 29–37 BauGB zugleich dazu, dass eine dem Fachplanungszweck widersprechende neue Bauleitplanung unzulässig ist.

2 Von § 38 Satz 1 BauGB erfasste Vorhaben

Für die durch § 38 Satz 1 BauGB privilegierten Vorhaben gilt das jeweilige Fachplanungsrecht. Dieses regelt sowohl die Planfeststellungsbedürftigkeit, als auch, in der Regel unter vollständigem oder ergänzendem Verweis auf die §§ 72 ff. VwVfG, das durchzuführende Planfeststellungsverfahren (z. B. § 17 FStrG für Fernstraßen oder § 18 AEG für Betriebsanlagen einer Eisenbahn). Dem danach erforderlichen Planfeststellungsverfahren und auch sonstigen Verfahren mit den Rechtswirkungen der Planfeststellung kommt Vorrang vor dem Bauplanungsrecht einschließlich der Festsetzungen in Bebauungsplänen und dem sonstigen bauplanungsrechtlichen Zulassungsrecht nebst der Gemeindebeteiligung nach § 36 BauGB zu. Nach Maßgabe von § 38 Abs. 1, 2. Halbs. BauGB sind städtebauliche Belange jedoch im Rahmen der fachplanerischen Abwägungen zu berücksichtigen.[1] § 38 schwächt damit als „Weichmacher" im Rahmen der fachrechtlichen Zulassungsentscheidung die ansonsten zwingenden Normen des Städtebaurechts zu Abwägungsbelangen ab.[2]

1 S. etwa BVerwG, Urt. v. 24.11.2010 – 9 A 13/09 – NVwZ 2011, 680 Rn. 37.
2 S. etwa Reidt, in: Battis/Krautzberger/Löhr, Baugesetzbuch, 13. Aufl. 2016, § 38 Rn. 10; Kraft, BauR 1999, 829 (835).

Der Regelungsgehalt der Vorschrift umfasst das jeweilige Fachplanungsvorhaben in seiner gesamten räumlichen Reichweite. Erfasst ist alles, was funktional zu dem betreffenden Fachplanungsvorhaben gehört. Gegenständlich umfasst die Privilegierung also alle Nutzungen, die der fachplanerischen Zweckbestimmung entsprechen. Dabei ist zwischen betriebsbezogenen und betriebsfremden Nutzungen zu unterscheiden. Der notwendige Betriebsbezug ist gegeben, wenn und soweit es um Nutzungen geht, die nach Größe, Struktur und Funktion des Fachplanungsvorhabens dort typischer Weise anzutreffen sind.[3] Was darunter fällt, hängt von der Art und Größe des planfeststellungsbedürftigen Vorhabens ab. Geht es etwa um einen großen Flughafen, gehören dazu auch Gebäude für luftfahrtaffine Nutzungen wie Hotels, Parkhäuser für Passagiere, Autovermietungen, Büros, Einzelhandelsbetriebe u. ä.[4] Ähnliches gilt im Eisenbahnbereich für, insbesondere größere, Bahnhöfe. Bei sonstigen Betriebsanlagen der Eisenbahn fallen auch privaten Unternehmen zur Verfügung gestellte Flächen mit Gleisanschluss im Bereich eines Güterbahnhofs unter das Fachplanungsprivileg, wenn sie zur Abwicklung des Güterumschlags von der Schiene auf die Straße genutzt werden.[5] Nicht darunter fällt hingegen z. B. ein lediglich auf dem Bahnbetriebsgelände betriebener Schrottplatz ohne spezifischen Eisenbahnbezug[6] oder eine auf dem Bahnbetriebsgelände errichtete Werbeanlage.[7] Soweit es nicht um das eigentliche Fachplanungsvorhaben oder jedenfalls um eine damit einhergehenden Betriebsbezug geht, ist unabhängig davon, dass die betreffende Fläche Gegentand einer Planfeststellung ist, eine städtebauliche Steuerung möglich. Insbesondere kommt also die Aufstellung eines derartige Nutzungen positiv wie negativ steuernden Bebauungsplans in Betracht. Ohne eine derartige aktive Bauleitplanung finden insbesondere die Planersatzvorschriften nach den §§ 34 und 35 BauGB Anwendung.

3 BVerwG, Beschl. v. 05.10.1990 – 4 B 249/89. – NVwZ-RR 1991, 118 (127).

4 S. im Einzelnen etwa Wysk, in: Ziekow, Handbuch des Fachplanungsrechts, 2. Aufl. 2014, Rn. 13 ff.; Reidt, in: Grabherr/Reidt/Wysk, Luftverkehrsgesetz, § 6, Rn. 14 ff.

5 BVerwG, Urt. v. 16.12.1988 – 4 C 48/86 – BVerwGE 81, 111; Kuschnerus, ZfBR 2000, 300 (301 f.).

6 OVG Münster, Beschl. v. 04.02.2010 – 8 B 1652/09 – NVwZ-RR 2010, 475.

7 VGH München, Urt. v. 09.12.2010 – 2 B 09-1500 – BauR 2011, 801.

3 Planfeststellungsverfahren und sonstige Verfahren mit entsprechenden Rechtswirkungen, planfeststellungsersetzende Bebauungspläne

Die Privilegierung des § 38 Satz 1 BauGB bezieht sich auf Planfeststellungsverfahren und sonstige Verfahren mit den Rechtswirkungen der Planfeststellung. Dazu gehören vor allem die Plangenehmigung, aber auch auf die luftverkehrsrechtliche Zulassung nach § 6 LuftVG für nicht planfeststellungsbedürftige Flugplätze.[8] Planfeststellungsverfahren sind in den einzelnen Fachgesetzen (z. B. § 18 AEG, § 17 FStrG, § 8 LuftVG), ergänzt durch die Verwaltungsverfahrensgesetze des Bundes (§§ 72 ff. VwVfG) und der Länder, geregelt.

Nach einzelnen Fachgesetzen besteht zudem die Möglichkeit eines planfeststellungsersetzenden Bebauungsplans (auf Bundesebene § 28 Abs. 3 PBefG für Straßenbahnen und § 17b Abs. 2 FStrG für Fernstraßen, auf Landesebene insbesondere die Straßengesetze der Länder für dem Landesstraßenrecht unterfallende Straßen, z. B. § 38 Abs. 4 StrG NW). Ein solcher Bebauungsplan bedarf einer hinreichenden inhaltlichen Koordination zwischen Gemeinde und dem Träger der Fachplanung, da es sich gleichwohl im Kern nicht um eine gemeindliche, sondern um eine dem Fachplanungsrecht unterfallende Planung handelt.[9] Dies beginnt bereits bei der Rechtfertigung der Planung (§ 1 Abs. 3 Satz 1 BauGB). Beabsichtigt etwa ein Straßenbaulastträger nicht oder zumindest nicht in absehbarer Zeit, ein bestimmtes Straßenbauvorhaben zu realisieren, fehlt es mangels Umsetzungskompetenz der Gemeinde in der Regel bereits an der Erforderlichkeit für die kommunale Bauleitplanung.[10] Entsprechendes gilt, wenn zwischen dem Träger der Fachplanung und der Gemeinde Unstimmigkeiten in Bezug auf die konkrete Lage, Ausgestaltung usw. des Fachplanungsvorhabens bestehen.[11] Einer entsprechenden Abstimmung bedarf es auch im Hinblick auf den Umstand, dass auch bei planfeststellungsersetzenden Bebauungsplänen eine Bindung an den Festsetzungskatalog des § 9 BauGB besteht. Bedarf es daher für

---

8 BVerwG, Beschl. v. 13.12.2006 – 4 B 73/06 – NVwZ 2007, 459 (461); Reidt, a. a. O., (Fn. 4), § 6, Rn. 173.

9 OGV Münster, Urt. v. 010.8.2000 – 7 A D 162/98 – BauR 2001, 201.

10 BVerwG, Urt. v. 28.01.1990 – 4 CN 5/98 – BVerwGE 108, 248.

11 Reidt, a. a. O., (Fn. 1), § 38, Rn. 16 m. w. N.

die planerische Konfliktbewältigung zusätzlicher Regelungen, die in einem Bebauungsplan keiner Festsetzung zugänglich sind (z. B. Entschädigungsregelungen), ist ggf. ergänzend zu dem Bebauungsplan noch ein Planfeststellungsverfahren notwendig.

Der Vorrang der Fachplanung im Sinne von § 38 BauGB bezieht sich auch auf die Errichtung und den Betrieb öffentlich zugänglicher Abfallbeseitigungsanlagen, die nach dem BImSchG zu genehmigen sind. Öffentlich zugänglich ist eine solche Anlage dann, wenn es sich nicht lediglich um eine betriebseigene Anlage handelt, die ganz oder jedenfalls überwiegend der Eigenentsorgung dient.[12]

4 Überörtlichkeit

§ 38 BauGB unterscheidet nicht zwischen bundes- und landesrechtlichen Planfeststellungen oder Plangenehmigungen. Ihnen kommt nach § 38 S. 1 BauGB gleichermaßen Vorrang zu. In jedem Fall muss es sich aber um Planungen für Vorhaben von überörtlicher Bedeutung handeln. Das Vorliegen einer solchen Überörtlichkeit bestimmt sich nach einer typisierenden Betrachtung, bei der eine nicht gemeindliche, überörtliche Planungszuständigkeit und insbesondere das Erfordernis einer Einbettung eines Vorhabens in einen über das Gebiet der Gemeinde hinausreichenden planerischen Zusammenhang, eine überörtliche Bedeutung des Vorhabens indiziert.[13] Es ist jedoch nicht zwingend erforderlich, dass ein Vorhaben mindestens das Gebiet von zwei Gemeinden räumlich berührt.[14]

5 Verbleibende Bindung an den Flächennutzungsplan

Die Privilegierung des § 38 BauGB hebt eine Bindung an den Flächennutzungsplan nicht auf, wie S. 2 der Vorschrift durch den Verweis auf § 7 BauGB klarstellt.[15] Dies bedeutet indes nicht, dass die Darstellungen eines Flächennutzungsplans für ein Fachplanungsvorhaben nicht überwindbar wären.

---

12 S. etwa VGH, München Beschl. v. 04.09.2013 – 22 AS13.40052 – NVwZ-RR 2014, 36.
13 BVerwG, Beschl. v. 31.10.2000 – 11 VR 12/00 – NVwZ 2001, 90
14 BVerwG, Beschl. v. 30.6.2004 – 7 B 92/03 – NVwZ 2004, 1240.
15 BVerwG, a. a. O., (Fn. 1), BVerwGE 138, 226, Rn. 36.

Vielmehr können auch diese Bindungen unter den in § 7 S. 3–5 BauGB bestimmten Voraussetzungen ausgeräumt werden. § 38 S. 3 BauGB regelt mit seinem Verweis auf § 7 Abs. 3 BauGB dabei jedoch klar, dass Aufwendungen, die der Gemeinde entstehen, vor allem also für die etwaige Anpassung ihres Flächennutzungsplans an das Fachplanungsvorhaben, vom Träger des Fachplanungsvorhabens zu erstatten sind.

6 Sperrwirkung für Bauleitplanung und Einzelvorhaben

Auch wenn dies im Wortlaut des § 38 BauGB nicht explizit zum Ausdruck kommt, resultiert aus der Vorschrift eine Sperrwirkung für die kommunale Bauleitplanung. Die Gemeinde kann also keinen wirksamen Bebauungsplan aufstellen und auch keine Flächennutzungsplanung betreiben, die mit einem Fachplanungsvorhaben und dessen Zweckbestimmung kollidiert.[16] Daneben besteht eine Sperrwirkung auch für die baurechtliche oder sonstige (z. B. immissionsschutzrechtliche) Zulassung von Vorhaben im Umgriff der Planfeststellung, selbst wenn die betreffende Fläche noch nicht für die Durchführung des planfeststellungsbedürftigen Vorhabens genutzt wurde und wenn, die Planfeststellung hinweggedacht, das betreffende Vorhaben nach den geltenden bauplanungsrechtlichen Bestimmungen (z. B. nach einem bestehenden Bebauungsplan bzw. nach § 34 oder nach § 35 BauGB) bauplanungsrechtlich zulässig wäre.

Diese Schutz- und Sperrwirkung nach § 38 BauGB besteht dabei nicht nur für solche Vorhaben und Flächen, für die tatsächlich ein Planfeststellungsbeschluss oder eine sonstige Zulassung mit den Rechtswirkungen der Planfeststellung erlassen wurde, sondern auch für Vorhaben, die als Altanlagen Bestandsschutz genießen, sofern sie nach heutiger Rechtslage unter § 38 BauGB fallen würden.[17]

Die fachplanungsrechtliche Sperrwirkung gilt im Weiteren sowohl positiv als auch negativ. Geht es um ein der fachplanungsrechtlichen Zweckbestimmung entsprechendes (betriebsbezogenes) Vorhaben, ist es planungsrechtlich zulässig, ohne dass es einer entsprechenden Prüfung anhand der §§ 29–37 BauGB bedürfte (z. B. ein Hotel auf dem Gelände eines Flughafens

---

16 S. im Einzelnen Reidt, a. a. O., (Fn. 1), § 38, Rn. 29 ff. m. w. N.
17 BVerwG, a. a. O., (Fn. 5), BVerwGE 81, 111.

oder ein der Versorgung der Reisenden dienendes Geschäft in einem Bahnhof). In fachplanungsrechtlicher Hinsicht erfolgt dabei nur eine Prüfung dahingehend, ob das Vorhaben der fachplanerischen Zweckbestimmung entspricht oder nicht.

Besteht ein ausreichender Betriebsbezug nicht, geht es also um ein betriebsfremdes und damit der fachplanungsrechtlichen Zweckbestimmung nicht entsprechendes Vorhaben, gilt in materieller und formeller Hinsicht zum einen das allgemeine Baurecht. Dieses muss also eingehalten werden. Ab Wirksamwerden des Planfeststellungsbeschlusses besteht jedoch zusätzlich das Erfordernis, dass das Vorhaben die fachplanerische Zweckbestimmung nicht beeinträchtigen oder ihr entgegenstehen darf.[18] Ist dies der Fall, ist das Vorhaben trotz Einhaltung der bauplanungsrechtlichen Anforderungen, die sich aus den §§ 29–35 BauGB ergeben, materiell unzulässig. Der entsprechende Genehmigungsantrag ist daher abzulehnen.

Vor Wirksamwerden eines Planfeststellungsbeschlusses gilt die Sperrwirkung des § 38 BauGB noch nicht. Allerdings steht einem Vorhaben zumeist eine, in den Fachplanungsgesetzen geregelte, Veränderungssperre für die von dem Plan betroffenen Flächen entgegen (z. B. § 19 AEG, § 8a LuftVG, § 9a FStrG).

7 Ende der Sperrwirkung

Die Sperrwirkung endet mit Aufhebung des Planfeststellungsbeschlusses durch die Planfeststellungsbehörde oder im gerichtlichen Verfahren, durch Entwidmung (s. insbes. § 23 AEG) oder in Fällen, in denen mit dem Vorhaben noch nicht begonnen wurde, mit Ende der dafür vorgesehenen fachgesetzlichen Frist.[19] Ab diesem Zeitpunkt ist daher ein Vorhaben auch wieder genehmigungsfähig, wenn es den bauplanungsrechtlichen Anforderungen nicht wiederspricht.

Nicht selten verhält es sich allerdings so, dass ein solches Vorhaben nicht den städtebaulichen Zielvorstellungen der Gemeinde entspricht. Dies gilt etwa in Fällen, in denen nach Entfall der fachplanungsrechtlichen

18 VGH München, Urt. v. 09.12.2010 – 2 B 09/1500 – BauR 2011, 801.
19 Reidt, a. a. O., (Fn. 1), § 38, Rn. 26, 32 m. w. N.

Sperrwirkung das betreffende Areal als faktisches Gewerbe- oder Industriegebiet zu qualifizieren ist, so wie dies nicht selten bei aufgegebenen Eisenbahnflächen der Fall ist, die Gemeinde dort jedoch Wohn- oder Mischnutzungen ansiedeln möchte. Die Gemeinde ist in derartigen Fällen nicht berechtigt, vor dem Ende der Sperrwirkung bereits einen Bebauungsplan aufzustellen, der ihrer auf die Zukunft ausgerichteten städtebaulichen Zielvorstellung entspricht. Sie ist lediglich berechtigt, vorher bereits ein Verfahren zur Aufstellung oder Änderung eines Bauleitplans hinsichtlich der von der Fachplanung umfassten Flächen einzuleiten. Die abschließende Beschlussfassung und das Inkrafttreten hängen jedoch davon ab, dass die bebaute Fläche zuvor tatsächlich ihren fachplanungsrechtlichen Sonderstatus verloren hat.[20] Jedenfalls dann, wenn das Ende der Sperrwirkung konkret absehbar ist, besteht allerdings auch die Möglichkeit, bereits einen Bebauungsplan nach Maßgabe von § 9 Abs. 2 Satz 1 Nr. 2 BauGB aufzustellen, das sich aus dem Bebauungsplan ergebende Baurecht also unter die Bedingung der Freistellung bzw. Entwidmung zu stellen („bedingtes Baurecht").[21] Damit kann sie sicherstellen, dass mit dem tatsächlichen Ende der Sperrwirkung unmittelbar das neue Baurecht greift und nicht in einer anderenfalls entstehenden zeitlichen Lücke ein Vorhaben genehmigt werden muss, das die Gemeinde dort verhindern möchte, sie es jedoch nicht rechtzeitig schafft, einen dem entgegenstehenden Bebauungsplan aufzustellen oder zumindest von den Planungssicherungsinstrumenten der §§ 14 f. BauGB (Veränderungssperre, Zurückstellung) Gebrauch zu machen.

9 Rechtsschutz der Gemeinde

Die Gemeinde kann sich gegen eine § 38 BauGB unterfallende Fachplanung mit Rechtsmitteln zur Wehr setzen (Widerspruch, Anfechtungsklage). Sie kann sich dabei jedoch im Wesentlichen nur auf eine ggf. nicht ausreichende Verfahrensbeteiligung sowie auf eine etwaige Verletzung ihrer kommunalen Planungshoheit durch unzureichende Berücksichtigung städtebaulicher Belange berufen. Ein weitergehender Vollüberprüfungsanspruch besteht

---

20 BVerwG, a. a. O., (Fn. 5), BVerwGE 81, 111.

21 Vgl. OVG Münster, Urt. v. 07.07.2011 – 2 D 137/09 – juris; Krappel, BauR 2012, 1569 (1573); Kuschnerus, ZfBR 2005, 125 (132); Reidt, a. a. O., (Fn. 1), § 38, Rn. 32.

hingegen selbst dann nicht, wenn die Gemeinde enteignungsbetroffene Eigentümerin von Flächen ist, auf denen das Fachplanungsvorhaben realisiert werden soll.[22] Erst recht ist sie nicht berechtigt, Belange ihrer Bürger geltend zu machen (z. B. Lärmschutzbelange von Anliegern einer planfestgestellten Straße oder eines Flughafens). Dafür ist vielmehr der jeweilige Betroffene selbst verantwortlich.

22 BVerwG, Urt. v. 06.11.2013 – 9 A 9.12 – UPR 2014, 223.

Tim Schwarz

Praxisbezogene Fragestellungen im Schnittfeld von Bauleitplanung, Planfeststellung und Plangenehmigung

Abstract: Der folgende Beitrag illustriert die planungsrechtlichen Verflechtungen zwischen der Bauleitplanung, Planfeststellung und Plangenehmigung anhand zweier Berliner Praxisbeispiele: Das erste Beispiel ist die Aufstellung des Bebauungsplans 1–62a „Heidestraße" in der Europacity, mit dem der Umgang mit temporär planfestgestellten Flächen gezeigt wird. Das zweite Beispiel ist der planfeststellungsersetzende Bebauungsplan 1–14 für den Molkenmarkt/Klosterviertel.

The following article illustrates the interconnections between urban land-use planning especially the binding land-use planning and the planning approval on the basis of two case-studies in Berlin.

1 Ausgangssituation

Planfeststellung und Plangenehmigung basieren in Abhängigkeit von der jeweiligen Fachplanung auf unterschiedlichen rechtlichen Grundlagen. So ist zum Beispiel das Allgemeine Eisenbahngesetz[1] oder speziell für Bundesfernstraßen das Bundesfernstraßengesetz[2] einschlägig für die Durchführung des Planungsverfahrens. Diese nach anderen gesetzlichen Vorschriften getroffenen Festsetzungen sollen nach § 9 Abs. 6 BauGB[3] in den Bebauungsplan nachrichtlich übernommen werden, soweit sie zu seinem Verständnis oder für die städtebauliche Beurteilung von Baugesuchen notwendig oder zweckmäßig sind. Zu den nachrichtlich zu übernehmenden Planungen

---

1 Allgemeines Eisenbahngesetz (AEG), vom 27. Dezember 1993 (BGBl. I S. 2378, 2396; 1994 I S. 2439), zuletzt geändert durch Artikel 2 des Gesetzes vom 29. August 2016 (BGBl. I S. 2082).

2 Bundesfernstraßengesetz (FStrG) in der Fassung der Bekanntmachung vom 28. Juni 2007 (BGBl. I S. 1206), zuletzt geändert durch Artikel 446 der Verordnung vom 24. August 2015 (BGBl. I S. 1474).

3 Baugesetzbuch (BauGB) in der Fassung vom 23. September 2004 (BGBl. I S. 2414), zuletzt geändert durch Artikel 6 des Gesetzes vom 20. Oktober 2015 (BGBl. I S. 1722).

gehören insbesondere die sogenannten privilegierten Fachplanungen nach § 38 BauGB, wie z. B. Bundesautobahnen, Schienenwege oder Flughäfen,[4] die nicht an die Festsetzungen eines Bebauungsplans gebunden sind. Notwendig ist allerdings hierfür, dass diese Fachplanungen mit Außenwirkung rechtswirksam sind. Für die Planungspraxis sind verschiedene Fallkonstellationen im Zusammenhang mit Planfeststellungen oder Plangenehmigungen denkbar. Im Folgenden werden anhand zweier Beispiele aus Berlin Aspekte der Berücksichtigung von Fachplanungen skizziert. Das erste Beispiel ist die Aufstellung des Bebauungsplans 1–62a Heidestraße in der Europacity, mit dem der Umgang mit temporär planfestgestellten Flächen gezeigt wird. Das zweite Beispiel ist der planfeststellungsersetzende Bebauungsplan 1–14 Molkenmarkt/Klosterviertel.

2 Europacity[5]

Die Europacity ist ein ca. 40 ha großes, ehemaliges Bahnareal in zentraler Lange von Berlin, das zu einem eigenständigen Stadtquartier entwickelt wird. Unter Berücksichtigung ökologischer Gesichtspunkte sollen hier Flächen zum Wohnen, für Büros, Einzelhandel und Gewerbe entstehen, ergänzt durch ein attraktives Freizeitangebot. Grundlage für die Planung ist der vom Senat von Berlin und vom Bezirksamt Mitte am 5. Mai 2009 beschlossene Masterplan „Heidestraße“, in dem die abgestimmten Leitlinien und Entwicklungsziele für den Standort dargestellt werden. Zur Schaffung der bauplanungsrechtlichen Grundlagen für die Entwicklung des Gebiets wurden mehrere Bebauungspläne aufgestellt. Der Geltungsbereich des Bebauungsplans 1–62a liegt nördlich des Hauptbahnhofs im Osten des Ortsteils Moabit im Bezirk Mitte von Berlin. Das rund 11,5 ha große Plangebiet umfasst die brachliegenden Flächen westlich der Heidestraße zwischen Perleberger Straße und Döberitzer Straße. Mit dem Bebauungsplan 1–62a werden die ehemaligen Bahnflächen des Lehrter und des Hamburger Bahnhofs überplant. Der Eisenbahnbetrieb wurde im Jahr 2003 weitgehend eingestellt

---

4 Vgl. Bracher/Reidt/Schiller, Bauplanungsrecht, 8. Auflage, Köln 2014, Rn. 419.

5 Senatsverwaltung für Stadtentwicklung und Umwelt, Begründung zum Bebauungsplan 1–62a, Stand 27. Mai 2016, im Internet unter: http://www.stadtentwicklung.berlin.de/planen/b-planverfahren/de/oeffauslegung/1-62a/index.shtml, Zugriff am 11.11.2016.

und die Flächen gemäß § 23 des Allgemeinen Eisenbahngesetzes von den Bahnbetriebszwecken im Jahr 2011 freigestellt. Direkt im Westen grenzen Bahnanlagen der Deutschen Bahn an das Plangebiet, die als Nord-Süd-Trasse unterirdisch in den Berliner Hauptbahnhof geführt werden. Darüber hinaus baut die Bahn derzeit die S-Bahnlinie 21. Diese Neubaustrecke verbindet zukünftig den S-Bahn-Nordring mit dem S-Bahn-Südring über den Hauptbahnhof. Diese planfestgestellte S-Bahntrasse verläuft ebenfalls westlich vom Geltungsbereich des Bebauungsplans 1–62a. Der Planfeststellungsbeschluss für den Bauabschnitt vom Hauptbahnhof zum Nordring wurde von der Außenstelle Berlin des Eisenbahn-Bundesamtes am 17. Februar 2005 gefasst. Die Planfeststellung umfasst neben dem Tunnelbauwerk der S 21 auch oberirdisch anzulegende temporäre Baustelleneinrichtungsflächen am Westrand des Plangebiets, die erst nach Fertigstellung der S 21 für andere Nutzungen in Anspruch genommen werden können. Da die temporären Baustelleneinrichtungsflächen der S-Bahn planfestgestellt sind, werden auch diese nach § 9 Abs. 6 BauGB nachrichtlich in den Bebauungsplan übernommen. Für die im Bebauungsplan festgesetzten baulichen und sonstigen Nutzungen auf diesen Flächen, wird eine aufschiebend bedingte Festsetzung getroffen. Danach können die im Bebauungsplan festgesetzten baulichen und sonstigen Nutzungen erst dann realisiert werden, wenn die Bahnanlagen fertig gestellt und die Flächen als Baustelleneinrichtungsfläche nicht mehr erforderlich sind. Der betreffende Bauabschnitt der S-Bahnlinie S 21 soll nach gegenwärtigem Planungsstand im Jahr 2019 fertig gestellt sein.

Entsprechend setzt der Bebauungsplan in der textlichen Festsetzung 9.1 fest, dass auf den in der Planzeichnung nachrichtlich übernommenen Flächen „planfestgestellte temporäre Baustelleneinrichtungsfläche der S-Bahn" die festgesetzte bauliche oder sonstige Nutzung bis zur Aufhebung der planfestgestellten Zwecke unzulässig ist. Rechtsgrundlage für diese Festsetzung ist § 9 Abs. 1 Nr. 1 BauGB in Verbindung mit § 9 Abs. 2 BauGB. Hierdurch wird die Art der baulichen Nutzung entsprechend der städtebaulichen Zielsetzung aufschiebend bedingt. Das notwendige städtebauliche Erfordernis für diese Festsetzung ergibt sich aus der bereits befristeten Planfeststellung der Baustelleneinrichtungsflächen, die sich anderweitig nicht umsetzen lässt.

Den Grundstückseigentümern, der von dieser aufschiebend bedingten Festsetzung betroffenen Flächen ist bekannt, dass eine den Festsetzungen des Bebauungsplans entsprechende bauliche oder sonstige Nutzung erst mit entsprechender Verzögerung realisierbar sein wird. Allerdings handelt es sich hierbei auch ausschließlich um die beiden Haupteigentümer, die die Gebietsentwicklung gemeinsam mit dem Land Berlin betreiben und ohnehin eine stufenweise Realisierung ihrer Bauvorhaben anstreben.

3 Molkenmarkt/Klosterviertel[6]

Der Bereich Molkenmarkt/Klosterviertel liegt im historischen Zentrum Berlins und gehört zu den ältesten Stadtteilen. Vom Klosterviertel, einer Keimzelle Alt-Berlins, sind allerdings nur noch Versatzstücke erkennbar. Zu den historischen Besonderheiten des Gebietes zählen der Molkenmarkt, als ältester Marktplatz Berlins, der große Jüdenhof und die kunsthistorisch bedeutende Ruine der Klosterkirche. Die verbliebenen historisch bedeutenden Gebäude im Umfeld, wie das Rote Rathaus, die Parochialkirche und das Alte Stadthaus liegen isoliert und beziehungslos zueinander – ohne städtebauliche und strukturelle Verbindung.

Im Zusammenhang mit den anderen Projekten zur Entwicklung der historischen Mitte von Berlin sollen auf Basis der Leitlinien des Planwerks Innere Stadt[7] die durch Verkehrsflächen geprägten Bereiche in Anlehnung an den historischen Stadtgrundriss neu strukturiert werden. Dadurch sollen wieder räumliche Qualitäten und ein lebendiges zentrales Stadtgebiet entstehen.

Mit dem Bebauungsplan 1–14 „Molkenmarkt/Klosterviertel" werden die planungsrechtlichen Voraussetzungen für die umfassende städtebauliche Neustrukturierung dieses Bereichs geschaffen. Der Molkenmarkt und das Klosterviertel sollen als Teil der mittelalterlichen Stadtgründung wieder erfahrbar gemacht werden. Die noch vorhandenen Fragmente und Spuren Alt-Berlins sollen zukünftig wieder in einem nachvollziehbaren, historischen und stadträumlichen Zusammenhang stehen. Das Quartier um die Nikolaikirche

---

6 Senatsverwaltung für Stadtentwicklung und Umwelt, Begründung zum Bebauungsplan 1–14 „Molkenmarkt/Klosterviertel", Stand: Oktober 2015 im Internet unter: http://www.stadtentwicklung.berlin.de/planen/staedtebau-projekte/molkenmarkt/index.shtml, Zugriff am 11.11.2016.

7 Senatsverwaltung für Stadtentwicklung (Hrsg.), Planwerk Innere Stadt Berlin 2010, Fortschreibung mit Stand vom 10. November 2010, im Internet unter: http://www.stadtentwicklung.berlin.de/planen/planwerke/de/planwerk_innere_stadt/index.shtml, Zugriff am 18.02.2017.

und die Stadtbereiche an der Marienkirche und am Rathaus erhalten für Fußgänger und Radfahrer mit dem Klosterviertel eine attraktive Verbindung zum Spreeufer. Der Rückbau der überdimensionierten Verkehrsflächen schafft Areale für neue, innerstädtische Bauflächen. Mit Wohnen, Gewerbe, Gastronomie sowie touristischen und kulturellen Einrichtungen soll ein attraktives Stadtquartier entstehen. Die Hauptverkehrsverbindungen sollen stadtverträglich integriert wieder ihren historischen Verläufen folgen.

Mit der Festsetzung und Neuabgrenzung der Straßenverkehrsflächen für die Bundesstraße 1 ersetzt der Bebauungsplan nach § 17b Abs. 2 Bundesfernstraßengesetz die für die Verlegung erforderliche Planfeststellung. Dabei erfolgte eine enge Abstimmung mit der zuständigen Planfeststellungsbehörde, denn nach § 22 Abs. 4 des Berliner Straßengesetzes[8] ist geregelt, dass Bebauungspläne, die eine Planfeststellung ersetzen, im Einvernehmen mit der Planfeststellungsbehörde festgesetzt werden müssen. Möglich ist die Ersetzung der Planfeststellung für Straßen I. und II. Ordnung, die in § 20 BerlStrG geregelt sind. Straßen erster Ordnung sind Straßen, die untereinander oder zusammen mit Bundesstraßen überwiegend dem großräumigen Verkehr – also dem Fern- und Regionalverkehr dienen. Straßen zweiter Ordnung dienen dem überbezirklichen Verkehr zwischen den Bezirken und den Nachbargemeinden von Berlin.

Der Bebauungsplan besteht aus zwei Blättern.[9] Blatt eins bildet den städtebaulichen Teil mit den bauplanungsrechtlichen Festsetzungen nach § 9 Abs. 1 BauGB. Festgesetzt werden hier insbesondere Straßenverkehrsflächen sowie die Art der baulichen Nutzung in Form von Kerngebieten und Allgemeinen Wohngebieten. Darüber hinaus sind Gemeinbedarfs- und Grünflächen festgesetzt.

Der zweite Teil (Blatt 2) besteht aus einem Straßenumbauplan mit den planfeststellungsersetzenden Festsetzungen gemäß Bundesfernstraßengesetz. In dem Straßenumbauplan erfolgen analog einer Planfeststellung rechtsverbindlich differenzierte Festsetzungen zur baulichen Einteilung der

---

8 Berliner Straßengesetz (BerlStrG), vom 13. Juli 1999 (GVBl. S. 380), zuletzt geändert durch Gesetz vom 4. Dezember 2008 (GVBl. S. 466).

9 Informationen zur Geschichte, zur städtebaulichen Planung und dem Bebauungsplanverfahren unter: http://www.stadtentwicklung.berlin.de/planen/staedtebau-projekte/molkenmarkt/index.shtml, Zugriff am 26.02.2017.

Straßenverkehrsfläche (insbesondere Fahrbahnflächen, Mittelstreifen, Gehwege und Radverkehrsanlagen) sowie zur Pflanzung von Straßenbäumen. Die Einteilung der Fahrbahn (Markierung) und Gehwegflächen (Beläge) wurde als Vorschlag ohne rechtsverbindlichen Charakter in die Planzeichnung aufgenommen. Die endgültige Entscheidung über diese Einzelheiten bleibt einer straßenverkehrsbehördlichen Anordnung vorbehalten.

In Bezug auf den Lärmschutz musste beachtet werden, dass hier eine wesentliche Änderung im Sinne der 16. Bundes-Immissionsschutzverordnung[10] erfolgte. Daher besteht ein Anspruch auf Schallschutzmaßnahmen dem Grunde nach, wenn die entsprechenden Grenzwerte an bestehenden Gebäuden überschritten werden. Für die Schallschutzmaßnahmen ist das Land Berlin als Träger der Straßenbaulast zuständig.

Die bei Umsetzung des Bebauungsplans zu erwartenden Auswirkungen auf die Schutzgüter des Naturhaushalts und das Landschaftsbild werden im Umweltbericht unter Berücksichtigung der naturschutzrechtlichen Eingriffsregelung ermittelt und bewertet. Hierbei ist zwischen umzubauenden Verkehrsflächen der Bundesstraße 1 (Straßenzugs Mühlendamm – Molkenmarkt – Grunerstraße; Bereich Planfeststellung) und neuen bzw. erweiterten Baugebieten entlang dieses Straßenzuges als Teilbereichen zu unterscheiden. Denn die für den Bereich der planfeststellungsersetzenden Festsetzungen ermittelten Eingriffe unterliegen gemäß § 21 Abs. 2 S. 2 BNatSchG[11] den Vorschriften über die naturschutzrechtliche Eingriffsregelung. Entsprechend sind diese vollständig auszugleichen. Hintergrund dieser Regelung ist, dass der Umfang der Berücksichtigung der naturschutzrechtlichen Eingriffsregelung nicht von der Wahl des Planungsinstruments, also einer Planfeststellung oder eines Bebauungsplans abhängig gemacht werden kann. Dahingegen unterliegen die Festsetzungen für den städtebaulichen Teil der städtebaulichen Eingriffsregelung nach § 1a Abs. 3 BauGB und sind daher in der Abwägung nach § 1 Abs. 7 BauGB zu berücksichtigen.

---

10 Sechzehnte Verordnung zur Durchführung des Bundes-Immissionsschutzgesetzes (Verkehrslärmschutzverordnung - 16. BImSchV) vom 12. Juni 1990 (BGBl. I S. 1036), zuletzt geändert durch Artikel 1 der Verordnung vom 18. Dezember 2014 (BGBl. I S. 2269).

11 Gesetz über Naturschutz und Landschaftspflege (Bundes-Naturschutzgesetz – BNatSchG) vom 29. Juli 2009 (BGBl. I S. 2542), zuletzt geändert durch Artikel 19 des Gesetzes vom 13. Oktober 2016 (BGBl. I S. 2258).

Das Verfahren zur Aufstellung des Bebauungsplans wurde im Jahr 2002 mit der Feststellung der außergewöhnlichen stadtpolitischen Bedeutung nach § 9 AGBauGB[12] begonnen. Die Festsetzung erfolgte im September 2016.

4 Fazit

Die Beispiele verdeutlichen, dass die Stadtplanung im Rahmen der Aufstellung der Bebauungspläne regelmäßig keine besonderen Schwierigkeiten hat, die förmlichen Fachplanungen zu integrieren. Die nachrichtliche Übernahme hat sich dabei ebenso bewährt, wie befristete oder bedingte Festsetzungen, mit denen auf absehbare Zeit aus der Planfeststellung zu entlassende Flächen überplant werden können. Für die Planungspraxis stellt sich allerdings oftmals die Frage, ob bestimmte Flächen überhaupt noch einer Planfeststellung unterliegen, wenn diese erkennbar nicht mehr für Bahnzwecke oder ähnliches genutzt werden. Gerade in diesen Fällen ist eine Abfrage der zuständigen Behörden notwendig, um den rechtlichen Status der Flächen zu klären. Ein erhöhter Aufwand ergibt sich bei den Plänen, die eine Planfeststellung ersetzen. Aber gerade die Abstimmung mit den jeweiligen Planfeststellungsbehörden sichert die Durchführbarkeit und ist damit entscheidend für die Realisierung der Planung.

12 Gesetz zur Ausführung des Baugesetzbuchs (AGBauGB), in der Fassung vom 7. November 1999 (GVBl. 1999), zuletzt geändert durch Gesetz vom 03.11.2005 (GVBl. S. 692).

Stephan Mitschang

Anpassung an den Flächennutzungsplan

Abstract: Der Beitrag behandelt die sog. Anpassungspflicht gem. § 7 BauGB, d. h. die Pflicht öffentlicher Planungsträger, welche im Rahmen der Planaufstellung beteiligt worden sind, ihre Planungen dem Flächennutzungsplan insoweit anzupassen, als sie diesem Plan nicht widersprochen haben.

This article deals with sec. 7 BauGB (Federal Building Code) which obliges public planning bodies after they have participated in the planning process to adapt their plans and programs to the preparatory land-use plan to such extent as they haven't contradicted to the plan (Anpassungspflicht).

Vorbemerkung

Die Kompetenzen für bodenbeanspruchende öffentliche Planungen und Nutzungsregelungen sind unterschiedlich verteilt, denn außer den Gemeinden, die nach § 2 Abs. 1 BauGB[1] in eigener Verantwortung die Bauleitpläne aufstellen, besteht auch für andere öffentliche Planungsträger eine eigenständige Planungs- und Regelungszuständigkeit. Dies kann in der Folge zu räumlichen und inhaltlichen Überlagerungen und, soweit diese widersprüchlich sind, zu Kollisionen unterschiedlicher Bodennutzungsansprüche führen. Vor diesem Hintergrund stellen sich Fragen nach dem Verhältnis miteinander konkurrierender Planungen einerseits und nach den Möglichkeiten, solche Situationen zu vermeiden. Dazu ist anzustreben, dass sich öffentliche Planungsträger für denselben räumlichen Bereich nicht widersprechen, sondern vielmehr gegenseitig abgestimmt ihre jeweiligen Planungsabsichten realisieren können (sog. „Grundsatz der Plankonkordanz"[2]). Erst recht gilt dies, wenn es sich um unterschiedliche Planungen verschiedener staatlicher Aufgabenträger handelt. In diesem Zusammenhang ist allerdings auch hervorzuheben, dass auf eine allgemeine und jeden Fall umfassende verbindliche

1 Baugesetzbuch i. d. F. der Bek. vom 23.09.2004, BGBl. I S. 2414, zul. geänd. durch Gesetz vom 20.10.2015, BGBl: I S. 1722.

2 Gierke, in: Brügelmann, Komm. z. BauGB, Loseblattsammlung Stand: 53. Lfg. Oktober 2003, § 7, Rn. 6.

gesetzliche Regelung zur Konfliktlösung bzw. zur Konfliktvermeidung nach wie vor nicht zurückgegriffen werden kann. Nur für bestimmte Fallgestaltungen hat der Gesetzgeber Einfluss auf das Verhältnis unterschiedlicher Planungen Regelungen genommen und insoweit ordnend eingegriffen. Beispielhaft anzuführen sind für den Bereich der kommunalen Bauleitplanung § 1 Abs. 4 BauGB, wonach die Bauleitpläne an die Ziele der Raumordnung anzupassen sind, oder § 8 Abs. 2 Satz 1 BauGB, wonach der Bebauungsplan aus dem Flächennutzungsplan zu entwickeln ist. In diese Kategorie der Kollisionsnormen[3] fällt auch § 7 BauGB, der unter der Überschrift „Anpassung an den Flächennutzungsplan“ das Verhältnis eines Flächennutzungsplans zu nachfolgenden Fachplanungen und Festlegungen von Gebieten mit Nutzungsbeschränkungen regeln soll.[4] Eine solche Bestimmung ist deshalb erforderlich, weil sie in verfahrens- und materiell-rechtlicher Hinsicht regelt, unter welchen Voraussetzungen überhaupt von einem rechtskräftigen Flächennutzungsplan Bindungswirkungen für andere Planungen öffentlicher Planungsträger ausgehen, wie sich diese davon nachträglich lösen können, und schließlich, welche Aufwendungen und Kostenerstattungen dies gegebenenfalls für den anderen öffentlichen Planungsträger zur Folge hat.[5] Nur soweit eine gesetzliche Regelung zu den Bindungswirkungen des Flächennutzungsplans vorhanden ist, kann diese im Hinblick auf neben der Bauleitplanung existierende andere Planungen öffentlicher Planungsträger zur Anwendung gebracht werden.

---

3 Soweit solche gesetzlichen Kollisionsnormen fehlen, werden oftmals die allgemeinen Derogationsregeln (z.B. Verdrängung der allgemeinen Planung durch die spezielle Planung) oder Vorrangprinzipien (z.B. Vorrang der überörtlichen vor der örtlichen Planung) herangezogen, doch ist deren Anwendungsreichweite nicht groß genug, um alle Fallgestaltungen erfassen zu können. Im Einzelnen hierzu: Gierke, a. a. O., (Fn. 2), § 7 Rn. 6b; Runkel, in: Ernst/Zinkahn/Bielenberg/Krautzberger, BauGB, Loseblattsammlung Stand: 120. Lfg. Februar 2016, § 38 Rn. 9 ff.

4 Speziell zum Verhältnis von Bauleitplanung und Fachplanung: Kraft, BauR 1999, 829 ff.; Storost, DVBl. 2012, 457 ff.; Otto, ZfBR 2012, 737 ff.; Kümper, ZfBR 2012, 631 ff.; ders., DVBl. 2013, 823 ff.; Gaentzsch, WiVerw 1985, 235 ff.; Kment, NuR 2010, 392 ff.; Schink, DÖV 2011, 905 ff.; Erbguth, DVBl. 2013, 274 ff.; ders., ZUR 2013, 643 ff., Gärditz, ZUR 2013, 651 ff.

5 Kraft, a. a. O., (Fn. 4), 829 (831).

1 Grundsätze im Verhältnis von Bauleitplanung und sonstigen Planungen öffentlicher Planungsträger

Weil die Bestimmung in § 7 BauGB nur einzelne Fallgestaltungen im Verhältnis von Flächennutzungsplanung und sonstigen Planungen und Nutzungsregelungen öffentlicher Planungsträger erfasst, gibt es ergänzend allgemeine Regeln, die grundsätzlich zur Anwendung zu bringen sind und der Anpassungspflicht öffentlicher Planungsträger nach § 7 BauGB vorgehen. So haben sich die Gemeinden und andere öffentliche Planungsträger im Rahmen ihrer Planungen gegenseitig zu beteiligen. In der Folge sind dann die Belange des jeweiligen Planungsträgers nach den Bestimmungen des jeweils zugrundeliegenden Rechts in der Abwägung zu berücksichtigen.[6] Durch diese gegenseitige Beteiligungspflicht wird eine materielle und formelle Koordination der unterschiedlichen Planungen bezweckt, so dass eine Planungskollision von vorneherein nicht entstehen soll. Diesbezügliche Regelungen enthalten für die Bauleitplanung die §§ 4 und 13 BauGB, auf die in § 7 BauGB auch ausdrücklich hingewiesen wird. Für die sonstigen öffentlichen Planungsträger ergeben sich diesbezügliche Verpflichtungen aus dem jeweiligen Fachrecht, etwa für Planfeststellungen[7] grundsätzlich aus § 73 Abs. 2 VwVfG[8] sowie – bei Fehlen positiv-rechtlicher Regelungen – allgemein aus Art. 28 Abs. 2 GG.[9] Sie dienen der gegenseitigen Information und ihrer Berücksichtigung im Rahmen der Abwägung bei eigenen Planungen. Dabei können im Rahmen der Abwägung die Belange des anderen Planungsträgers überwunden werden.[10] Ist

6 Kümper, a. a. O., (Fn. 4), DVBl. 2013, 823 (823).

7 Bei den raumbezogenen Nutzungsregelungen ist die Beteiligung der Gemeinden nur in Einzelfällen ausdrücklich gesetzlich geregelt (z. B. bei der Ausweisung von Wasser- oder Naturschutzgebieten), so dass dort, wo diesbezügliche Vorschriften nicht vorhanden sind, die allgemeine Beteiligungspflicht aus Art. 28 Abs. 2 GG anzuführen ist.

8 Verwaltungsverfahrensgesetz (VwVfG) i. d. F. der Bek. vom 23.01.2003, BGBl. I S. 102, zul. geänd. durch Gesetz vom 20.11.2015, BGBl. I S. 2010.

9 Grundgesetz für die Bundesrepublik Deutschland (GG) vom 23.05.1949, BGBl. I S. 1, zul. geänd. durch Gesetz vom 23.12.2014, BGBl. I S. 2438.

10 Insoweit kann es in der Planungspraxis durchaus vorkommen, dass zwei abwägungsfehlerfreie Planungen zu unterschiedlichen Abwägungsentscheidungen kommen, für den Fall, dass jeder Planungsträger den ihm zur Verfügung stehenden Entscheidungsspielraum zu seinen Gunsten nutzt.

eine Planung bereits abgeschlossen, dann verlangt der Prioritätsgrundsatz[11], dass die zeitlich nachfolgende Planung auf die zeitlich vorangehende Planung grundsätzlich Rücksicht zu nehmen hat.[12] Zwar führt dieser Prioritätsgrundsatz nicht dazu, dass die zeitlich vorangegangene Planung einen absoluten Vorrang genießt, doch ist dieser Planung in der Abwägung ein besonderes Gewicht bei den zu treffenden Entscheidungen einzuräumen.

2 Zur Entstehung

Gleichwohl sind auch damit die spezifischen Probleme im wechselseitigen Verhältnis von Darstellungen des Flächennutzungsplans zu Fachplanungen und sonstigen raumbezogenen Nutzungsregelungen noch nicht einer umfassenden und alle Fallgestaltungen erfassenden Lösung zugeführt. Deutlich wird dies insbesondere vor dem Hintergrund der Entstehung der Vorschrift.

2.1 Das Bundesbaugesetz von 1960

Die Konkurrenz räumlicher Planungen war schon vor dem Inkrafttreten des Bundesbaugesetzes im Jahr 1960[13] als bestehendes Problem bekannt. Deshalb sahen bereits einige Aufbaugesetze der Länder[14] Vorschriften über die Koordination des Flächennutzungsplans mit anderen öffentlichen Planungen vor.[15] Deren Regelungen waren aber sowohl hinsichtlich ihrer Bedeutung als auch in Bezug auf ihre Reichweite umstritten.[16] Trotz bestehender Regelungsabsichten

---

11 Hierzu im Einzelnen: BVerwG, Urt. v. 22.3.1985 – 4 C 63.80 – BVerwGE 71, 150 (156); dass., Urt. v. 21.03.1996 – 4 C 26.94 – NVwZ 1997, 169 (170); dass., Urt. v. 14.05.2004 – 4 BN 13.04 – BeckRS 2004, 22803; VGH München, Urt. v. 16.04.2007 – 8 ZB 06.2648 – BeckRS 2007, 29666.

12 BVerwG, Beschl. v. 05.11.2002 – 9 VR 14.02 – NVwZ 2003, 207 (208).

13 Bundesbaugesetz (BBauG-1960) vom 08.04.1960, BGBl. I S. 306.

14 Vgl. z. B. § 8 des Hamburgischen Gesetzes über den Aufbau der Hansestadt Hamburg vom 11.04.1949 (Hbg. Aufbaugesetz), Hamb. GVBl. S. 45, i. d. F. vom 12.04.1957, Hamb. GVBl. S. 241. oder § 8 des Niedersächsischen Gesetzes zur Durchführung der Ortsplanung und des Aufbaues in den Gemeinden vom 09.05.1949 i. d. F. vom 20.12.1957, Nieders. GVBl. S. 398 (Aufbaugesetz – Nds. Aufbaugesetz).

15 Zu alledem ausführlich: Runkel, in: Ernst/Zinkahn/Bielenberg/Krautzberger, BauGB, Loseblattsammlung Stand: 108. Lfg. April 2013, § 7, Rn. 1.

16 Vgl. Gierke, a. a. O., (Fn. 2), § 7 Rn. 6c.

im Zusammenhang des auf den Vorarbeiten zum BBauG-1960 fußenden Entwurfs eines Baugesetzes vom 2. März 1956[17] wurde ein Koordinationsvorschlag der Hauptkommission für die Baugesetzgebung beim Bundesminister für Wohnungsbau nicht aufgegriffen. Dieser sah vor, Kollisionen zwischen Bauleitplänen und sonstigen Plänen durch eine – auch zwangsweise – gemeinsame Planung der jeweils betroffenen Gemeinden und öffentlichen Planungsträgern von vorneherein auszuschließen. Dafür erhielt § 7 BBauG-1960 folgende Fassung:

> *„Öffentliche Planungsträger, die nach § 2 Abs. 5 beteiligt sind, haben ihre Planungen dem Flächennutzungsplan insoweit anzupassen, als sie diesem Plan nicht widersprochen haben. Macht eine Veränderung der Sachlage eine abweichende Planung erforderlich, so haben sie sich unverzüglich mit der Gemeinde ins Benehmen zu setzen."*

2.2 Das Baugesetzbuch von 1987

Auch im Rahmen der Ausgestaltung des BauGB-1987[18] wurde eine umfassende gesetzliche Regelung zum Verhältnis der Bauleitplanung zu den Planungen anderer öffentlicher Planungsträger nicht geschaffen, wenngleich als Ergebnis der Ausschussberatungen auf Vorschlag der Kommunalen Spitzenverbände die Sätze 3 bis 5 (die heutigen Sätze 4 bis 6) an die Vorschrift angefügt wurden. Soweit es für einen öffentlichen Planungsträger, der nach § 7 Abs. 1 BBauG-1960 dazu verpflichtet war, seine Planungen an den Flächennutzungsplan anzupassen, eine Veränderung der Sachlage eine von der ursprünglichen Planung abweichende Planung erforderlich machte, konnte dieser eine Freistellung von der Anpassungspflicht anstreben. Hierzu musste sich der öffentliche Planungsträger allein verfahrensrechtlich mit der Gemeinde unmittelbar ins Benehmen setzen und die Gemeinde über seine Absichten unterrichten. Einer gemeindlichen Zustimmung bedurfte es insoweit nicht.[19] Gleichwohl wurde von dem öffentlichen Planungsträger verlangt, sich einerseits um eine einvernehmliche Konfliktbewältigung

17 Entwurf eines Baugesetzes vom 02.03.1956, aufgestellt von der Hauptkommission für die Baugesetzgebung beim Bundesminister für Wohnungsbau, Band 7 der Schriftenreihe des Bundesministers für Wohnungsbau, Bonn, 1956.

18 Baugesetzbuch (BauGB-1987) i. d. F. der Bek. vom 08.12.1986, BGBl. I S. 2253.

19 Runkel, a. a. O., (Fn. 15), § 7, Rn. 3.

mit der Gemeinde zu bemühen sowie andererseits dann im Rahmen der fachplanerischen Abwägung, sich mit den Auswirkungen der Freistellung von der Anpassungspflicht in Bezug auf die städtebauliche Entwicklung der Gemeinde auseinanderzusetzen.

Hieran knüpften die neu eingefügten Sätze 3 bis 5 an. Kann nämlich ein Einvernehmen zwischen der Gemeinde und dem öffentlichen Planungsträger nicht erreicht werden, kann der öffentliche Planungsträger nachträglich widersprechen (vgl. § 7 Satz 3 BauGB-1987). Ein solcher Widerspruch stand nach § 7 Satz 4 BauGB-1987 allerdings unter der Voraussetzung, dass die für die abweichende Planung geltend gemachten Belange, die sich aus dem Flächennutzungsplan ergebenden städtebaulichen Belange nicht nur unwesentlich überwiegen. Schließlich enthielt die damalige Neuregelung in § 7 Satz 5 Halbsatz 1 BauGB-1987 noch eine Bestimmung über den Aufwendungs- und Kostenersatz vor. Dieser war schon in den §§ 37 und 38 BBauB-1960 geregelt gewesen und bezog sich auf Änderungen, Ergänzungen oder Aufhebungen von Bebauungsplänen, und zwar ausschließlich aus den in diesen Bestimmungen abschließend bestimmten Gründen. Die Neuregelung in § 7 Satz 5 Halbsatz 1 BauGB-1987 regelte dann diesbezüglich, dass im Fall einer abweichenden Planung die Bestimmung in § 37 Abs. 3 BauGB auf die durch die Änderung oder Ergänzung des Flächennutzungsplans oder eines Bebauungsplans der aus dem Flächennutzungsplan entwickelt worden ist und geändert, ergänzt oder aufgehoben werden musste, entstehenden Aufwendungen und Kosten entsprechend anzuwenden ist. Damit ist für diejenigen Fälle des nachträglichen Widerspruchs eine Regelung über den Aufwendungsersatz und die Kostenerstattung ausdrücklich getroffen.

Hinzu kamen redaktionelle Änderungen in Satz 1, indem auf die nunmehr in den §§ 4 und 13 BauGB-1987 enthaltenen Beteiligungsvorschriften im Regelverfahren und bei der vereinfachten Änderung und Ergänzung des Bauleitplans verwiesen wurde. Mit dem Inkrafttreten des BauGB-1987[20] hatte die Bestimmung dann folgenden Wortlaut:

> *„Öffentliche Planungsträger, die nach § 4 Abs. 1 und § 13 Abs. 2 beteiligt sind, haben ihre Planungen dem Flächennutzungsplan insoweit anzupassen, als sie diesem Plan nicht widersprochen haben. Macht eine Veränderung der Sachlage eine abweichende Planung erforderlich, haben sie sich unverzüglich mit der*

---

20 Baugesetzbuch (BauGB) i. d. F. der Bek. vom 08.12.1986, BGBl. I S. 2191.

Gemeinde ins Benehmen zu setzen. Kann ein Einvernehmen zwischen der Gemeinde und dem öffentlichen Planungsträger nicht erreicht werde, kann der öffentliche Planungsträger nachträglich widersprechen. Der Widerspruch ist nur zulässig, wenn die für die abweichende Planung geltend gemachten Belange die sich aus dem Flächennutzungsplan ergebenden städtebaulichen Belange nicht nur unwesentlich überwiegen. Im Falle einer abweichenden Planung ist § 37 Abs. 3 auf die durch die Änderung und Ergänzung des Flächennutzungsplans oder eines Bebauungsplans, der aus dem Flächennutzungsplan entwickelt worden ist und geändert, ergänzt oder aufgehoben werden musste, entstehenden Aufwendungen und Kosten entsprechend anzuwenden; § 38 Satz 3 bleibt unberührt.“

2.3 Das Bau-und Raumordnungsgesetz von 1998

Die im Zusammenhang mit der Ausgestaltung des Bau- und Raumordnungsgesetzes 1998[21] vom zuständigen Bundesminister für Raumordnung, Bauwesen und Städtebau einberufene Expertenkommission[22] entwickelte dann den Vorschlag, einen neuen Satz 2 einzufügen, wonach der Widerspruch bis zum Beschluss der Gemeinde einzulegen war. Dahinter steckte die Zielsetzung, den Planungsprozess nicht durch verspätete Widersprüche zu gefährden.[23] Daneben wurde erneut aus redaktionellen Gründen eine Änderung in Satz 1 erforderlich, indem nunmehr allgemein auf die Beteiligungen nach den §§ 4 und 13 BauGB verwiesen wurde. Obwohl das Verhältnis der Darstellungen des Flächennutzungsplans zu sonstigen öffentlichen Planungen nach wie vor nicht umfassend geregelt war, hat sich seit der Einfügung des S. 2 durch das BauROG 1998 nichts mehr an der Bestimmung in § 7 BauGB geändert. Die Bestimmung geht damit, soweit es sich jedenfalls um die Sätze 1 und 3 handelt, auf die im BBauG-1960 getroffene Regelung zurück. Die Sätze 4 bis 6 wurden durch das BauGB-1987, Satz 2 durch das BauROG-1998 eingefügt. Der heute maßgebliche Wortlaut stellt sich insoweit folgendermaßen dar:

---

21 Gesetz zur Änderung des Baugesetzbuchs und zur Neuregelung des Rechts der Raumordnung (Bau- und Raumordnungsgesetz 1998 - BauROG 1998) vom 18.08.1998, BGBl. I S. 2081.

22 Bundesministerium für Raumordnung, Bauwesen und Städtebau (Hrsg.), Bericht der Expertenkommission zur Novellierung des Baugesetzbuchs vom 28.10.1995, Bonn, 1996, Rn. 374 ff.

23 Vgl. BT-Drs. 13/6392, S. 48 linke Spalte.

„Öffentliche Planungsträger, die nach § 4 oder § 13 beteiligt worden sind, haben ihre Planungen dem Flächennutzungsplan insoweit anzupassen, als sie diesem Plan nicht widersprochen haben. Der Widerspruch ist bis zum Beschluss der Gemeinde einzulegen. Macht eine Veränderung der Sachlage eine abweichende Planung erforderlich, haben sie sich unverzüglich mit der Gemeinde ins Benehmen zu setzen. Kann ein Einvernehmen zwischen der Gemeinde und dem öffentlichen Planungsträger nicht erreicht werden, kann der öffentliche Planungsträger nachträglich widersprechen. Der Widerspruch ist nur zulässig, wenn die für die abweichende Planung geltend gemachten Belange die sich aus dem Flächennutzungsplan ergebenden städtebaulichen Belange nicht nur unwesentlich überwiegen. Im Falle einer abweichenden Planung ist § 37 Abs. 3 auf die durch die Änderung und Ergänzung des Flächennutzungsplans oder eines Bebauungsplans, der aus dem Flächennutzungsplan entwickelt worden ist und geändert, ergänzt oder aufgehoben werden musste, entstehenden Aufwendungen und Kosten entsprechend anzuwenden; § 38 Satz 3 bleibt unberührt."

3 Sinn und Zweck der Anpassungspflicht

Nach § 5 Abs. 1 Satz 1 BauGB hat die Gemeinde im Flächennutzungsplan für das gesamte Gemeindegebiet die Art der Bodennutzung in den Grundzügen darzustellen. Um dieser Aufgabe gerecht werden zu können, muss die Gemeinde im Rahmen der Aufstellung ihres Flächennutzungsplans auch die Bodennutzungsansprüche anderer öffentlicher Planungsträger berücksichtigen und diese, soweit sie die Abwägung passieren, in das gesamtgemeindliche Planungskonzept aufzunehmen. Gerade in diesem der Flächennutzungsplanung zugeschriebenen integrativen Aspekt liegt der Unterschied und auch der Vorteil gegenüber den sonstigen Planungen öffentlicher Planungsträger, insbesondere den Fachplanungen, deren inhaltliche Rechtfertigung sich in erster Linie aus den spezifisch fachlichen Gesichtspunkten für die jeweilige Maßnahme ergibt. Der Flächennutzungsplan stellt demgegenüber ein gesamtgemeindliches Bodennutzungskonzept dar, in das die einzelnen Fachinteressen mit ihren Planungen integriert[24] sind. Letztlich resultiert dies aus der gemeindlichen Planungshoheit der Gemeinde für ihr Gebiet und ihrer Aufgabe insbesondere durch die vorbereitende Bauleitplanung eine geordnete

24 Diese Aufgabe kommt im überörtlichen Rahmen ansonsten nur noch der Raumordnungsplanung zu. Bauleitplanung und Raumordnungsplanung bilden daher gemeinsam die räumliche Gesamtplanung.

städtebauliche Entwicklung herbeizuführen.[25] Sie muss im Rahmen der Bauleitplanung die bauliche und sonstige Nutzung der Grundstücke in der Gemeinde vorbereiten und leiten.[26] Die damit angesprochene Koordinationsaufgabe der Gemeinde, ihre eigenen Planungsabsichten mit denen anderer öffentlicher Planungsträger zu koordinieren, setzt voraus, dass einerseits der Kommune Informationen über die planerischen oder projektbezogenen Vorhaben anderer öffentlicher Planungsträger zur Verfügung gestellt werden und andererseits, dass der Flächennutzungsplan auch entsprechend fortgeschrieben wird. In diesem Kontext spielt auch § 38 BauGB eine wichtige Rolle, denn nach dieser Bestimmung werden überörtliche Fachplanungen gegenüber der Bauleitplanung der Gemeinden privilegiert. Auch § 7 BauGB ist hier inhaltlich-strukturell einzubinden, denn die Vorschrift verlangt umgekehrt von den anderen öffentlichen Planungsträgern, ihre Entwicklungsvorstellungen vor der Beschlussfassung des Flächennutzungsplans zu benennen, damit diese von der planenden Gemeinde berücksichtigt werden können.[27] Haben die sonstigen öffentlichen Planungsträger dem Flächennutzungsplan im Rahmen seiner Aufstellung, Änderung, Ergänzung oder Aufhebung dann nicht widersprochen, müssen sie ihre Planungen an die Darstellungen des Flächennutzungsplans anpassen. Allerdings verschafft § 7 BauGB den unterschiedlichen Planungen öffentlicher Planungsträger keine gleichberechtigte Position, sondern führt wegen der in der Vorschrift angelegten Widerspruchsmöglichkeit – wie § 38 BauGB – im Saldo doch zu einem Vorrang der Fachplanungen vor der Bauleitplanung.

Die Bestimmung in § 7 BauGB gilt nur für den Anwendungsfall, dass eine Planung eines anderen öffentlichen Planungsträgers auf einen bestehenden gemeindlichen Flächennutzungsplan trifft. Demgegenüber nicht geregelt wird der Fall, wenn die Flächennutzungsplanung der Gemeinde und die Planungen anderer öffentlicher Planungsträger zeitgleich stattfinden. Verfahrensrechtlich findet dann eine gegenseitige Beteiligung des jeweils anderen Planungsträgers im Rahmen der eigenen Planung statt. In der dann

---

25 Gaentzsch/Philipp, in: Berliner Kommentar zum BauGB, 3. Aufl., 1992, Loseblattsammlung Stand: 14. Lfg. vom Oktober 2009, § 7, Rn. 1.

26 Vgl. § 1 Abs. 1 BauGB.

27 Kraft, in: Beck OK, BauGB, § 5, Rn. 1.

durchzuführenden jeweiligen Abwägung sind die vorgebrachten Belange des anderen Planungsträgers dann zu berücksichtigen.[28]

Ebenfalls von § 7 BauGB nicht erfasst wird eine andere planerische Kollision, bei der eine Planung des anderen öffentlichen Planungsträgers besteht und der Flächennutzungsplan der Gemeinde aufgestellt, geändert, ergänzt oder aufgehoben werden soll, und zwar dergestalt, dass Konflikte zwischen den beiden Planungen hervorgerufen werden. Dann greift § 38 Satz 2 BauGB für privilegierte Fachplanungen und weist diesen einen Vorrang vor der gemeindlichen Flächennutzungsplanung zu. Die privilegierte Fachplanung setzt sich gegenüber der Flächennutzungsplanung durch. Verfahrensrechtlich ist sie in den Flächennutzungsplan nachrichtlich nach § 5 Abs. 4 BauGB zu übernehmen.

Vor dem Hintergrund der dargestellten Abgrenzung des Anwendungsbereichs ist es daher Zweck der in § 7 BauGB enthaltenen Bestimmung, eine Harmonisierung unterschiedlicher Ansprüche an die Bodennutzung in der Gemeinde, bei sich überlagernden Planungen öffentlicher Planungsträger herbeizuführen.[29] Erreicht werden soll dies durch spezifische Anforderungen im Sinne einer materiellen Koordination der unterschiedlichen Planungen. Zumindest mitangestoßen von der Diskussion um den Netzausbau der Energieinfrastruktur hat die Vorschrift in den letzten Jahren an Bedeutung gewonnen, denn sie vermittelt den Kommunen eine klagefähige Rechtsposition im Konflikt mit Planungen anderer öffentlicher Planungsträger.[30] Dies wird auch durch die Rechtsprechung gestützt, denn hiernach dient die in § 7 BauGB enthaltene Anpassungspflicht öffentlicher Planungsträger nicht nur der kommunalen Planungshoheit, sondern schützt überdies auch noch die gesamtplanerische Steuerungskraft des Flächennutzungsplans als öffentlichen Belang.[31]

4 Voraussetzungen

Die in § 7 Satz 1 BauGB normierte Anpassungspflicht greift nur, wenn bestimmte Voraussetzungen erfüllt sind. Die Vorschrift richtet sich nur an

28 Erbguth, a. a. O., (Fn. 4), ZUR 2013, 643 (644).
29 Vgl. Mitschang, in: Battis/Krautzberger/Löhr, BauGB, 13. Aufl., 2016, § 7, Rn. 2.
30 Zu Recht: W. Schrödter, in: Schrödter (Hrsg.), BauGB, 8. Aufl., 2015, § 7, Rn. 1.
31 BVerwG, Urt. v. 24.10.2010 – 9 A 13.09 – NVwZ 2011, 680, Rn. 43.

öffentliche Planungsträger, ohne allerdings zu definieren, wer dem Kreis dieser Adressaten angehört. Außerdem muss der öffentliche Planungsträger entweder im Rahmen von § 4 BauGB oder im vereinfachten Verfahren zur Änderung oder Ergänzung des Flächennutzungsplans beteiligt worden sein. Und schließlich muss der Flächennutzungsplan wirksam sein.

4.1 Öffentliche Planungsträger

Nach § 7 Satz 1 BauGB haben öffentliche Planungsträger, die nach § 4 BauGB oder § 13 BauGB beteiligt worden sind, ihre Planungen dem Flächennutzungsplan anzupassen, wenn sie diesem nicht widersprochen haben. Die von dieser Bestimmung in Bezug genommenen „Planungen" der öffentlichen Planungsträger sind dabei nicht eng[32] auszulegen, denn es geht um die Koordinierung unterschiedlicher Bodennutzungsansprüche, mit dem Ziel, eine geordnete städtebauliche Entwicklung durch die Darstellungen des Flächennutzungsplans zu gewährleisten. Ein umfassender planerischer Gestaltungsspielraum ist nicht erforderlich, es reicht vielmehr aus, wenn die betreffende Planung planerische Entscheidungselemente in sich trägt.[33] Die von § 7 Satz 1 BauGB erfassten Planungen müssen überdies raumbedeutsam sein und die Gemeinde hinsichtlich ihrer Planungshoheit binden.[34] Die Rechtsform[35] spielt dabei keine Rolle. § 7 Satz 1 BauGB richtet sich nach seinem Wortlaut ausdrücklich an „öffentliche Planungsträger".[36] Damit sind neben den Gemeinden all jene

32 Runkel, a. a. O., (Fn. 15), § 7, Rn. 4c.

33 Gierke, a. a. O., (Fn. 2), § 7, Rn. 65 sowie auch zu Abgrenzungsfragen.

34 Runkel, a. a. O., (Fn. 15), § 7, Rn. 4c.

35 z. B. als Verordnung, Satzung, Planfeststellungsbeschluss, Plangenehmigung oder Zulassungsentscheidung.

36 Inwieweit auch private Planungsträger vom Anwendungsbereich der Vorschrift erfasst werden ist noch offen, aber auch zweifelhaft. Da zumindest der Wortlauft der Vorschrift insoweit deutlich ist und ausdrücklich nur auf öffentliche Planungsträger abstellt, kann nur dort, wo der private Planungsträger eine raumbedeutsame oder raumbeeinflussende Planung als öffentliche Aufgabe vorbereitet (z.B. die Deutsche Bahn AG Netz nach Art. 87e Abs. 4 GG), eine Erstreckung des Anwendungsbereichs der Vorschrift auch für diese Fälle angenommen werden. Infrage kommt dies dann, wenn die Planung den Zielen des Fachgesetzes entspricht, von der Bindung an die §§ 29 ff. BauGB freigestellt ist und außerdem Grundlage für eine Enteignung sein kann. So. W. Schrödter, a. a. O., (Fn. 30), § 7, Rn. 8; Kümper, UPR 2013, 9 (11); Gaentzsch/Philipp, a. a. O., (Fn. 25),

Stellen angesprochen, denen im Rahmen gesetzlicher Regelungen das Recht zuerkannt wurde, nach Maßgabe ihrer Aufgaben Planungen für raumbeanspruchende oder raumbeeinflussende Maßnahmen aufzustellen, zu ändern, zu ergänzen, aufzuheben oder sonst verbindliche Nutzungsregelungen vorzunehmen.[37] Vor diesem Hintergrund darf der Begriff des öffentlichen Planungsträgers nicht mit den im Rahmen der Behördenbeteiligung an der Planung zu partizipierenden Behörden und sonstigen Trägern öffentlicher Belange gleichgesetzt werden. Vielmehr werden nur solche öffentlichen Planungsträger beteiligt, die raumbeanspruchende bzw. raumbeeinflussende Planungen in ihrem Aufgabenbereich vorhalten.[38] Nach § 7 Satz 1 BauGB ist daher diejenige Stelle, die materiell Planungsträger bzw. Vorhabenträger ist, zu beteiligen.[39]

Zu diesen öffentlichen Planungsträgern zählen insbesondere die Träger der in § 38 Satz 1 BauGB aufgeführten privilegierten Fachplanungen[40] und die ebenfalls von dieser Bestimmung erfassten öffentlich zugänglichen Abfallbeseitigungsanlagen sowie alle fachplanerischen Entscheidungen, auf die § 38 BauGB analog anzuwenden ist.[41] Zurückzuführen ist dies darauf, dass § 38 Satz 1 Halbsatz 1 BauGB nur eine Anwendung der §§ 29 bis 37 BauGB auf privilegierte Fachplanungen ausschließt, § 7 BauGB aber unberührt lässt. Insoweit wird etwa die Planung überörtlicher Straßen, von Flughäfen oder von Bundeswasserstraßen an § 7 Satz 1 BauGB zu messen sein.

---

§ 7, Rn. 8. Auch VGH Kassel, Urt. v. 28.06.2005 – 12 A 3.05 – BeckRS 2005, 29838.

37 Mitschang, a. a. O., (Fn. 29), § 7 Rn. 1; Kraft, a. a. O., (Fn. 27), § 7, Rn. 4; Runkel, a. a. O., (Fn. 15), § 7, Rn. 4.

38 Vgl. hierzu die Auflistung bei Gierke, a. a. O., (Fn. 2), Anhang zu § 7.

39 VGH Kassel, a. a. O., (Fn. 36), BeckRS 2005, 29838. Auch: Runkel, a. a. O., (Fn. 15), § 7, Rn. 4.

40 Vgl. hierzu Reidt, a. a. O., (Fn. 29), § 38, Rn. 14 ff.; Kümper, a. a. O., (Fn. 36), 9 (11); Kraft, a. a. O., (Fn. 4), 829 (831); Otto, a. a. O., (Fn. 4), 737 (738); Storost, a. a. O., (Fn. 4), 457 (461). Aus der Rechtsprechung: BVerwG, a. a. O., (Fn. 31), NVwZ 2011, 680, Rn. 36b; OVG Hamburg, Beschl. v. 23.10.2014 – 1 Es 4.14.P – BeckRS 2014, 58008, Rn. 49.

41 z. B. für die isolierte luftverkehrsrechtliche Genehmigung, vgl. Runkel, a. a. O., (Fn. 3), § 38 Rn. 23ff. Aus der Rechtsprechung: BVerwG, Beschl. v. 13.12.2006 – 4 B 73.06 – NVwZ 2007, 459 (460).

Weiterhin sind zu diesen öffentlichen Planungsträgern auch die Träger der Flurbereinigung bei der Aufstellung von Wege- und Gewässerplänen nach § 41 FlurbG[42] sowie auch die Naturschutzbehörden als Träger von Planungen des Naturschutzes und der Landschaftspflege[43] oder die Wasserbehörden als die Träger von wasserbezogenen Planungen im Rahmen der Ausweisung von raumbezogenen Nutzungsregelungen[44], wie Landschafts- und Naturschutzgebieten auf der Grundlage der §§ 20 ff. BNatSchG[45], sowie von Wasserschutzgebieten[46] nach den §§ 50 ff. WHG[47] zu rechnen. Hierunter fallen aber auch Lärmschutzbereiche oder militärische Schutzbereiche sowie sonstige verbindliche Bodennutzungsregelungen.

Demgegenüber nicht anzuwenden ist § 7 BauGB auf den Umlegungsplan, da durch diesen keine raumbeanspruchenden Maßnahmen hervorgerufen werden, sondern lediglich die eine Grundstückszuteilung vorgenommen wird.[48] Gleiches gilt auch etwa für das Luftfahrtbundesamt im Rahmen seiner Festlegungen zu Flugrouten[49] oder den Netzentwicklungsplan, der durch die Übertragungsnetzbetreiber erarbeitet und von der Bundesnetzagentur

---

42 BVerwG, Urt. v. 03.06.1987 – 5 B 74.86 – BeckRS 1987, 06486.

43 Vgl. BVerwG, Beschl. v. 18.12.1995 – 4 NB 8.95 – NVwZ 1997, 173 (174); VGH Mannheim, Beschl. v. 09.05.1995 – 5 S 2153.94 – NVwZ-RR 1996, 17 (18).

44 Auch hier kommt es nicht auf die Rechtsform an.

45 Gesetz über Naturschutz und Landschaftspflege (Bundesnaturschutzgesetz – BNatSchG) vom 29.07.2009, BGBl. I S. 2542, zul. geänd. durch VO vom 31.08.2015, BGBl. I S. 1474.

46 Noch offen ist dies für Überschwemmungsgebiete nach den §§ 76ff. WHG. Für eine Anwendung des § 7 Satz 1 BauGB: W. Schrödter, a. a. O., (Fn. 30), § 7, Rn. 4; a. A. Kraft, a. a. O., (Fn. 27), § 7, Rn. 4; offenlassend: Runkel, a. a. O., (Fn. 15), § 7, Rn. 4f. Für eine Anwendung der Anpassungspflicht auch auf Überschwemmungsgebiete spricht auch hier die Koordinationsaufgabe des Flächennutzungsplans, und zwar für alle Bodennutzungsansprüche innerhalb des Gemeindegebiets.

47 Gesetz zur Ordnung des Wasserhaushalts (Wasserhaushaltsgesetz – WHG) vom 31.07.2009, BGBl. I S. 2585, zul. geänd. durch Gesetz vom 24.05.1016, BGBl. I S. 1217.

48 Zu Recht: Gaentzsch/Philipp, a. a. O., (Fn. 25), § 7 Rn. 8.

49 Darauf weist Kraft, a. a. O., (Fn. 27), § 7 Rn. 4 zu Recht hin; auch Runkel, a. a. O., (Fn. 15), § 7 Rn. 4e.

bestätigt wird.[50] Nicht zu den öffentlichen Planungsträgern zählen auch die Träger der Raumordnungsplanungen, denn das Verhältnis von Raumordnung und Bauleitplanung normieren § 4 Abs. 1 ROG[51] und § 1 Abs. 4 BauGB gesondert.[52] Auch die Nachfolgeunternehmen von Bahn und Post sind grundsätzlich keine öffentlichen Planungsträger. Allerdings gilt dies nicht für die Deutsche Bahn AG Netz, die für die Bereitstellung des Schienennetzes zuständig ist und insoweit im öffentlichen Auftrag handelt. Als öffentlicher Planungsträger ist sie von § 7 BauGB angesprochen.[53]

§ 7 Satz 1 BauGB richtet sich an den öffentlichen Planungsträger. Das ist zunächst der Vorhabenträger.[54] Noch nicht geklärt ist in diesem Zusammenhang, ob Planungsträger allein der Vorhabenträger ist oder auch die Planfeststellungsbehörde im Zuge eines laufenden Planfeststellungsverfahrens zum Widerspruch und auch zur Anpassung verpflichtet ist.[55] Dabei ist zunächst zu berücksichtigen, dass die Planfeststellungsbehörde regelmäßig eine vom Vorhabenträger unabhängige Behörde und es ihre Aufgabe ist, im Sinne einer Genehmigungsbehörde, auf der Grundlage der vom Vorhabenträger vorgelegten Unterlagen über die Zulässigkeit der Planung zu entscheiden. Allerdings ist dabei einzustellen, dass der Planfeststellungsbehörde für diesen Fall freilich eine Kompetenz als Planungsträger[56] zugewiesen werden sollte, als sie eine bestehende Bindung des Vorhabenträgers bei der Entscheidung über die Zulässigkeit der Planung als rechtliches Zulassungshindernis zu respektieren hat. Nur so kann der erforderlichen Koordinierung der Planungen Rechnung effektiv getragen werden. Ansonsten

---

50 Vgl. Leidinger, DVBl. 2011, 683 (687).

51 Raumordnungsgesetz vom 22.12.2008, BGBl. I S. 2986, zul. geänd. durch VO vom 31.08.2015, BGBl. I S. 1474.

52 W. Schrödter, a. a. O., (Fn. 30), § 7 Rn. 4; Runkel, a. a. O., (Fn. 15), § 7 Rn. 3; Gaentzsch/Philipp, a. a. O., (Fn. 25), § 7 Rn. 8.

53 Vgl. oben Fn. 36.

54 Kraft, a. a. O., (Fn. 27), § 7 Rn. 5.

55 Planfeststellungsbehörden sind keine öffentlichen Planungsträger. Befürwortend: W. Schrödter, a. a. O., (Fn. 30), § 7 Rn. 7. Ablehnend: Gierke, a. a. O., (Fn. 2), § 7 Rn. 92.

56 VGH Mannheim, Urt. v. 31.01.1997 – 8 S 991.96 – NVwZ-RR 1998, 221 (224); VGH München, a. a. O., (Fn. 11), BeckRS 2007, 29666.

wäre der Planfeststellungsbeschluss rechtswidrig.[57] Ob diese Argumente allerdings ausreichen, dass auch die Planfeststellungsbehörde „öffentlicher Planungsträger“ sein, mithin auch von der Möglichkeit des Widerspruchs Gebrauch machen kann, ist dennoch angesichts des klaren Wortlauts der Vorschrift in Zweifel zu ziehen, denn materiell ist der Vorhabenträger der von § 7 Satz 1 BauGB in Bezug genommene öffentliche Planungsträger.[58]

Außerdem ist in den Fällen, in denen die Gemeinde zugleich öffentlicher Planungsträger für den Flächennutzungsplan ist und auch fachplanerische Aufgaben hat, § 7 BauGB ebenfalls anwendbar. Eine verwaltungsinterne Abstimmung zwischen den jeweiligen Ämtern (im Sinne von Planungsträgern) ist insoweit nicht mehr ausreichend.[59] Denn die Anpassungspflicht schützt nicht nur die Planungshoheit als subjektive Rechtsposition der Gemeinde, sondern auch die gesamtplanerische Steuerungskraft des Flächennutzungsplans als objektiven öffentlichen Belang, wie dies im Verhältnis von den Flächennutzungsplan und aus ihm zu entwickelnden Bebauungsplänen bekannt ist.[60] Die Gemeinde ist damit auch als gleichzeitige Trägerin einer Fachplanung oder raumbeanspruchenden Nutzungsregelung an die Anpassungspflicht an den Flächennutzungsplan gebunden.

4.2 Beteiligung im Verfahren zum Flächennutzungsplan

§ 7 Satz 1 BauGB enthält die Voraussetzung, dass der öffentliche Planungsträger bei der Aufstellung, Änderung, Ergänzung oder Aufhebung des Flächennutzungsplans beteiligt war und stellt insoweit entweder auf die Beteiligung nach § 4 BauGB oder im Falle der vereinfachten Änderung oder Ergänzung des Flächennutzungsplans auf § 13 BauGB ab.

Insoweit sind sowohl die Bindung an den Flächennutzungsplan als auch der Widerspruch gegen den Flächennutzungsplan nach § 7 Satz 1 BauGB daran geknüpft, dass der andere öffentliche Planungsträger in das Verfahren

---

57 Gaentzsch/Philipp, a. a. O., (Fn. 25), § 7 Rn. 9; Kraft, a. a. O., (Fn. 27), § 7 Rn. 5; Kümper, a. a. O., (Fn. 36), 9 (11).

58 So auch W. Schrödter, a. a. O., (Fn. 30), § 7 Rn. 4; Schiller, in: Bracher/Reidt/Schiller, Bauplanungsrecht, 8. Aufl., 2014, Rn. 136. Siehe hierzu auch: VGH Kassel, a. a. O., (Fn. 36), BeckRS 2005, 29838.

59 So noch OVG Lüneburg, Urt. v. 15.09.2005 – 8 KN 72.902 – BeckRS 2005, 29960.

60 BVerwG, a. a. O., (Fn. 31), NVwZ 2011, 680, Rn. 43.

der Flächennutzungsplanung eingebunden war. Aber nur die tatsächliche Beteiligung des öffentlichen Planungsträgers löst einerseits die Anpassungspflicht, andererseits die Widerspruchsmöglichkeit aus.[61] Nicht ausreichend ist es deshalb, wenn der andere öffentliche Planungsträger lediglich von der Auslegung des Flächennutzungsplans benachrichtigt wurde.[62] Ist eine Beteiligung unterblieben, dieser Mangel aber entweder nach § 214 Abs. 1 Nr. 2 BauGB oder nach § 215 Abs. 1 BauGB durch Fristablauf unbeachtlich geworden, dann greift § 7 Satz 1 BauGB ebenfalls nicht, weil eine tatsächliche Beteiligung des öffentlichen Planungsträgers nicht stattgefunden hat.[63]

Allerdings steht einer Beteiligung des anderen öffentlichen Planungsträgers parallel zur öffentlichen Auslegung des Flächennutzungsplans nach § 4a Abs. 2 BauGB grundsätzlich nichts entgegen. Allerdings muss dann für den öffentlichen Planungsträger auch ersichtlich sein, dass es bei der Beteiligung um die Koordination von Flächennutzungsplan und seinen eigenen Planungen geht und deshalb von ihm auch eine entsprechende Reaktion erwartet wird.[64]

Die Gemeinde beteiligt die sonstigen öffentlichen Planungsträger. Welche Behörde oder Stelle der sonstigen öffentlichen Planungsträger intern für die Bearbeitung zuständig ist, bestimmt der öffentliche Planungsträger.[65] Die Beteiligung muss so rechtzeitig vor der Beschlussfassung über den Flächennutzungsplan erfolgen, dass der öffentliche Planungsträger dazu in der Lage ist, seine Betroffenheit zu erkennen und zu beurteilen vermag. Soweit der Flächennutzungsplan geändert wird, kann eine erneute Beteiligung des öffentlichen Planungsträgers erforderlich werden.

4.3 Wirksamkeit des Flächennutzungsplans

Eine weitere Voraussetzung für das Entstehen der Anpassungspflicht besteht darin, dass der Flächennutzungsplan wirksam sein muss.[66] Dabei spielt es keine Rolle, ob der Flächennutzungsplan in einem ergänzenden Verfahren

61 Kraft, a. a. O., (Fn. 27), BauGB, § 7 Rn. 6.
62 Vgl. § 3 Abs 2 Satz 3 BauGB.
63 Gaentzsch/Philipp, a. a. O., (Fn. 25), § 7 Rn. 6; Kümper, a. a. O., (Fn. 36), 9 (12).
64 Runkel, a. a. O., (Fn. 15), § 7 Rn. 5; Gaentzsch/Philipp, a. a. O., (Fn. 25), § 7 Rn. 10.
65 Vgl. VGH Mannheim, Beschl. v. 17.06.2011 – 5 S 2757.10 – BeckRS 52612.
66 Vgl. Mitschang, a. a. O., (Fn. 29), § 7 Rn. 5; Gierke, a. a. O., (Fn. 2), § 7, Rn. 96 und 99; Kümper, a. a. O., (Fn. 4), DVBl. 2013, 823 (826); ders., UPR 2013,

rückwirkend in Kraft gesetzt wurde. Wichtig ist allerdings, dass die Fehler, die zu dem ergänzenden Verfahren geführt haben, nicht oder nicht mehr beachtlich oder heilbar sind.[67] Der Flächennutzungsplan muss allerdings nach § 6 Abs. 5 Satz 2 BauGB in Kraft getreten sein. Dies ergibt sich einerseits aus dem Wortlaut des § 7 Satz 1 BauGB, andererseits aber auch aus dem Umstand, dass von Seiten des Gesetzgebers ausdrücklich geregelt ist, unter welchen Voraussetzungen der Entwurf eines Flächennutzungsplans bereits Rechtswirkungen entfaltet.[68]

Ist demgegenüber der Flächennutzungsplan infolge formeller Mängel unwirksam, ist dieser mit seinen Darstellungen, auch wenn ihm eine Bindungswirkung für die sonstigen öffentlichen Planungsträger nicht zukommt, dennoch Ausdruck der künftigen städtebaulichen Entwicklung der Gemeinde und damit im Rahmen der fachplanerischen Abwägung aufgrund der gemeindlichen Planungshoheit zu berücksichtigen.[69]

Die andere Planung eines öffentlichen Planungsträgers ist allein an die Darstellungen des Flächennutzungsplans anzupassen.[70] Nur sie lösen eine Bindungswirkung aus, nicht etwa Kennzeichnungen nach § 5 Abs. 3 BauGB, nachrichtliche Übernahmen oder Vermerke nach § 5 Abs. 4 und 4a BauGB.[71] Die Darstellung im Flächennutzungsplan muss außerdem hinreichend bestimmt sein.[72] Ein solch inhaltlich qualifizierter Planungswille liegt jedenfalls nicht vor, wenn etwa für den Außenbereich lediglich eine land- oder

9 (10); auch: OVG Weimar, Urt. v. 03.03.2010 – 1 O 665.07 – BeckRS 2010, 50376.

67 Gaentzsch/Philipp, a. a. O., (Fn. 25), § 7 Rn. 6; Runkel, a. a. O., (Fn. 15), § 7, Rn. 10.

68 Kraft, a. a. O., (Fn. 27), BauGB, § 7 Rn. 9; W. Schrödter, a. a. O., (Fn. 30), § 7, Rn. 1; Gierke, a. a. O., (Fn. 2), § 7, Rn. 99; Kümper, a. a. O., (Fn. 36), 9 (10). A.A. Runkel, a. a. O., (Fn. 15), § 7, Rn. 5.

69 Mitschang, a. a. O., (Fn. 29), § 7 Rn. 6; Kümper, a. a. O., (Fn. 36), 9 (10); VGH Mannheim, a. a. O., (Fn. 65), BeckRS 52612. A.A. W. Schrödter, a. a. O., (Fn. 30), § 7, Rn. 1.

70 Zur Darstellung von Flächen für Bahnanlagen, vgl. OVG Münster, Urt. v. 14.09.1989 – 7 A 81.84 – BeckRS 1989, 08168.

71 OVG Hamburg, a. a. O., (Fn. 40), BeckRS 2014, 58008, Rn. 54; VGH Kassel, a. a. O., (Fn. 36), BeckRS 2005, 29838.

72 OVG Lüneburg, Urt. v. 26.10.2011 – 7 KS 4.10 – BeckRS 2012, 45862; Runkel, a. a. O., (Fn. 15), § 7, Rn. 6b und 10a.

forstwirtschaftliche Fläche im Flächennutzungsplan dargestellt ist, weil insoweit nur die tatsächlichen Verhältnisse wiedergegeben werden und gerade keine planerische Aussage getroffen wird.[73] Auch Negativplanungen, deren Zielsetzungen in der Freihaltung einer bestimmten Fläche vor einer Inanspruchnahme vor einer nicht gewollten Bodennutzung (beispielsweise eine Freileitungstrasse) bestehen, entfalten keine Bindungswirkung.[74] Für den Fall, dass eine Gemeinde eine informelle Planung aufgestellt hat und dadurch von den Planaussagen des Flächennutzungsplans abweicht, gelten die Darstellungen des bereits beschlossenen Flächennutzungsplans sowohl für die Gemeinde selbst als auch für den anderen öffentlichen Planungsträger, da der informellen Planung eine Ersetzungsfunktion für die Darstellungen des Flächennutzungsplans nicht zukommt.[75]

5 Die Anpassungspflicht

Beim Flächennutzungsplan handelt es sich um ein nach außen hin unverbindliches Planwerk, das aus sich heraus in der Regel keine unmittelbaren Rechtswirkungen gegenüber Dritten entfaltet. Nur soweit eine Gemeinde von der in § 35 Abs. 3 Satz 3 BauGB geregelten Möglichkeit des sog. „Planvorbehalts" Gebrauch gemacht hat, kann der Flächennutzungsplan faktische sowie rechtliche Wirkungen erzeugen. In diesen Fällen findet durch die Darstellungen des Flächennutzungsplans eine unmittelbare planerische Steuerung von privilegierten Vorhaben nach § 35 Abs. 1 Nr. 2 bis 6 BauGB statt. Im Anwendungsbereich dieser Bestimmung hat der Flächennutzungsplan eine dem Bebauungsplan vergleichbare Funktion und kann daher im

73 Zu qualifizierten Planaussagen des Flächennutzungsplans, vgl. Mitschang/Reidt, a. a. O., (Fn. 29), § 35, Rn. 74. Aus der Rechtsprechung, z. B. BVerwG, Beschl. v. 22.06.1993 – 4 B 45.93 – BeckRS 1993, 31228440; VGH Kassel, a. a. O., (Fn. 36), BeckRS 2005, 29838; VG Bremen, Urt. v. 26.08.2013 – 5 K 52.13 – BeckRS 2014, 52798; VGH Mannheim, Urt. v. 18.07.2002 – 8 S 545.02 – BauR 2003, 355 (356). Genehmigung von Kiesabbau auf im Flächennutzungsplan dargestellten Flächen für die Landwirtschaft stellt keinen Verstoß gegen das Anpassungsgebot dar. Vgl. VGH Mannheim, Urt. v. 18.03.1987 – 5 S 2257.86 – NVwZ 1988, 380 (380).

74 Vgl. OVG Lüneburg, Urt. v. 26.10.2011 – 7 KS 8.10 – BeckRS 2012, 45863.

75 Runkel, a. a. O., (Fn. 15), § 7 Rn. 10a.

Zuge einer Normenkontrollklage gerichtlich angegangen werden.[76] Durch § 7 Satz 1 BauGB erhalten die Darstellungen des Flächennutzungsplans nun eine Bindungswirkung, die das gemeindliche Verwaltungsprogramm aus sich heraus ansonsten gegenüber Dritten nicht hätte.[77] Zwischen der vorbereitenden Bauleitplanung der Gemeinde und den anderen öffentlichen Planungsträgern wird über § 7 Satz 1 BauGB eine Verknüpfung hergestellt, die in der Koordination auf der planerischen Ebene ihre Zielsetzung findet. Deshalb kann auch auf der Ebene der Vorhabenzulassung diese Bindung nicht aufgelöst werden, indem der öffentliche Planungsträger nicht rechtzeitig von der Widerspruchsmöglichkeit auf der planerischen Ebene Gebrauch macht. Der Bindung an die Anpassungspflicht wird nämlich durch die in § 38 Satz 1 BauGB enthaltene Privilegierung von Fachplanungen im Rahmen der Vorhabenzulassung entsprochen, da § 38 Satz 2 BauGB insoweit ausdrücklich klarstellt, dass die Bindung nach §7 BauGB unberührt bleibt.

5.1 Entstehung

Soweit der öffentliche Planungsträger dem Flächennutzungsplan nicht widersprochen hat, unterliegt er der Anpassungspflicht. Die Anpassungspflicht entsteht mit der Bekanntmachung des Flächennutzungsplans nach § 6 Abs. 5 BauGB.[78] Durch die Bekanntmachung wird der Flächennutzungsplan wirksam.[79] Demgegenüber löst der Entwurf eines Flächennutzungsplans noch keine Anpassungspflicht aus. Seine Aussagen sind aber in der bauleitplanerischen Abwägung als städtebauliche Belange zu berücksichtigen, denn sie verdeutlichen die städtebaulichen Entwicklungsvorstellungen der Gemeinde als Ausdruck ihrer Planungshoheit. Hat der Flächennutzungsplan allerdings „Planreife“ erlangt, so kann er gegenüber dem anderen öffentlichen Planungsträger „Vorwirkungen“ im Hinblick auf eine Anpassungspflicht entfalten.[80]

---

76 Vgl. BVerwG, Urt. v. 31.01.2013 – 4 CN 1.12 – NVwZ 2013, 1011, Rn. 13.

77 Vgl. BVerwG, NVwZ 1991, 262 (263); dass., BVerwGE 138, 226, Rn. 37.

78 Kümper, a. a. O., (Fn. 36), 9 (10).

79 Zu dieser Voraussetzung für das Entstehen einer Anpassungspflicht schon oben: IV. 3.

80 Mitschang, a. a. O., (Fn. 29), § 7 Rn. 3; Runkel, a. a. O., (Fn. 15), § 7 Rn. 14. A.A. Gierke, a. a. O., (Fn. 2), § 7, Rn. 98, der darauf hinweist, dass eine diesbezügliche gesetzliche Regelung anders als in den Fällen des § 8 Abs. 3 BauGB oder

5.2 Reichweite

Die Anpassungspflicht besteht nur insoweit, als der andere öffentliche Planungsträger dem Flächennutzungsplan nicht widersprochen hat. Nichts Anderes gilt auch in Bezug auf die Naturschutzbehörden und ihre Schutzgebietsausweisungen.[81] Möglich ist auch, dass der andere öffentliche Planungsträger dem Flächennutzungsplan nur teilweise widerspricht. Dies ergibt sich aus der Verwendung des Wörtchens „insoweit“ in § 7 Satz 1 BauGB. Wird von einem nur teilweisen Widerspruch Gebrauch gemacht, so gilt für den nicht von dem teilweisen Widerspruch erfassten Bereich die Anpassungspflicht.

Unter zeitlichen Gesichtspunkten bezieht sich die Anpassungspflicht nur auf noch vorgesehene Planungen des anderen öffentlichen Planungsträgers, denn durch sie wird nicht nur die kommunale Planungshoheit geschützt, sondern auch der objektive Belang einer geordneten städtebaulichen Entwicklung.[82] Dabei können sich die Planungen des öffentlichen Planungsträgers noch im Verfahren der Aufstellung befinden oder auch erst nur beabsichtigt sein. Deshalb kommt es maßgeblich auf den Zeitpunkt an, zu dem eine Planung, entweder der Flächennutzungsplan oder die Planung des anderen öffentlichen Planungsträgers wirksam wird. Sind die Planungen des öffentlichen Planungsträgers bereits abgeschlossen, sind festgesetzte Planungen unabhängig von einem Widerspruch nachrichtlich gemäß § 5 Abs. 4 Satz 1 BauGB zu übernehmen.[83] Die Anpassungspflicht[84]erstreckt sich auch nicht auf solche Fallgestaltungen, dass eine Planung eines anderen öffentlichen Planungsträgers rechtsverbindlich abgeschlossen und durchgeführt ist, mit deren Realisierung noch nicht begonnen worden ist oder in der sie sich

§ 33 BauGB fehlt. Ebenso Kraft, a. a. O., (Fn. 27), § 7 Rn. 9; Kümper, a. a. O., (Fn. 36), 9 (10). Offen lassend: VGH Mannheim, Beschl. v. 11.01.1995 – 5 S 227.94 – NVwZ-RR 1996, 14 (15).

81 Hierzu: VGH München, Beschl. v. 28.10.1994 – 9 N 87.03911 – BeckRS 1994, 15412.

82 BVerwG, a. a. O., (Fn. 31), NVwZ 2011, 680 Rn. 53; OVG Lüneburg, Urt. v. 27.03.2014 – 7 KS 177.11 – NVwZ-RR 2014, 714 (716).

83 Vgl. OVG Hamburg, a. a. O., (Fn. 40), BeckRS 2014, 58008 Rn. 54f.

84 BVerwG, a. a. O., (Fn. 43), NVwZ 1997, 173 (174).

laufend befindet.[85] Ein Widerspruch durch den öffentlichen Planungsträger ist hier nicht erforderlich. Für den Fall einer abgeschlossenen Planung eines öffentlichen Planungsträgers können die Darstellungen des Flächennutzungsplans dennoch eine Rolle spielen, wenn der öffentliche Planungsträger seine Planung einer Änderung unterziehen will. Die Anpassungspflicht tritt stets aufs Neue ein, und zwar im Zeitpunkt der Aufstellung der Planung oder Nutzungsregelung sonstiger öffentlicher Planungsträger.[86]

Aus der Anpassungspflicht an den Flächennutzungsplan kann kein Anspruch darauf abgeleitet werden, dass die entsprechende Planung eines anderen öffentlichen Planungsträgers, die nachrichtlich in den Flächennutzungsplan übernommen wurde oder erst beabsichtigt ist, auch realisiert werden muss.[87] Vielmehr stellt es sich so dar, dass eine Anpassungspflicht erst im tatsächlichen Falle einer Planung eines anderen öffentlichen Planungsträgers gerichtlich erzwingbar ist.

In inhaltlicher Hinsicht entspricht die Anpassungspflicht dem bauleitplanerischen Entwicklungsgebot in § 8 Abs. 2 Satz 1 BauGB.[88] Die für das „Entwickeln" eines Bebauungsplans aus den Darstellungen des Flächennutzungsplans geltenden Grundsätze finden daher in entsprechender Weise auch hier Anwendung. Maßgeblich ist der Einzelfall. Dann ist zu klären, ob analog zu dem bauleitplanerischen Entwicklungsgebot die jeweilige Planung des öffentlichen Planungsträgers aus den Darstellungen des Flächennutzungsplans entwickelt ist. Nach der Rechtsprechung[89] ist mit dem Begriff

---

85 Ebenfalls keine Anpassungspflicht besteht etwa in Bezug auf solche Planungen anderer öffentlicher Planungsträger, die keine weiteren Vollzugsmaßnahmen kennen, z. B. bei Landschaftsschutzverordnungen.

86 Runkel, a. a. O., (Fn. 15), § 7 Rn. 12.

87 Mitschang, a. a. O., (Fn. 29), § 7 Rn. 6.

88 BVerwG, a. a. O., (Fn. 77), NVwZ 1991, 263 (263); BVerwGE 138, 226 Rn. 36 und 39; VG Bremen, a. a. O., (Fn. 73), BeckRS 2014, 52798; Aus dem Schrifttum: Mitschang, a. a. O., (Fn. 29), § 7, Rn. 9; Runkel, a. a. O., (Fn. 15), § 7, Rn. 10c; Gaentzsch/Philipp, a. a. O., (Fn. 25), § 7, Rn. 4; Kraft, a. a. O., (Fn. 4), 829 (832f.); Paetow, UPR 1990, 312 (323). A.A. Gierke, a. a. O., (Fn. 2), § 7 Rn. 101c, der in der Anpassung an den Flächennutzungsplan Analogien zum Anpassungsgebot des § 1 Abs. 4 BauGB sieht, aber aus systematischen Gründen nicht zum Entwicklungsgebot in § 8 Abs. 2 Satz 1 BauGB.

89 Vgl. BVerwG, a. a. O., (Fn 31), NVwZ 2011, 680 Rn. 39; dass., Urt. v. 24.11.2011 – 9 A 23.10 – NVwZ 2012, 557, Rn. 30 ff.

des „Entwickelns" eine gewisse Gestaltungsfreiheit verbunden, soweit die Planung nicht der Grundkonzeption des Flächennutzungsplans widerspricht und sich die Abweichung vom Flächennutzungsplan aus dem Übergang in eine stärker verdeutlichende Planungsstufe rechtfertigen.[90] Da die Gemeinde von den sonstigen öffentlichen Planungsträgern bei raumbeanspruchenden oder raumbeeinflussenden Planungen zu beteiligen ist, kann sie selbst zur Einhaltung des Entwicklungsgebots Stellung nehmen. Dabei ist zu berücksichtigen, dass das Entwicklungsgebot keinen „starren" Vollzug fordert, sondern als planerische Fortentwicklung der im Flächennutzungsplan dargestellten Grundkonzeption der Gemeinde anzusehen ist.[91] Die Darstellungen des Flächennutzungsplans sind damit konkreteren Ausgestaltungen zugänglich und können zugleich besser verdeutlicht werden.[92] Sowohl in inhaltlicher als auch in räumlicher Sicht ist dem „Entwickeln" ein gewisser Gestaltungsspielraum immanent, nicht zuletzt auch deshalb, weil die Darstellungen des Flächennutzungsplans keine Parzellenschärfe[93] aufweisen. In der Planungspraxis regelmäßig der Fall ist dies bei der Darstellung von Leitungstrassen, so dass Trassenverschiebungen – jedenfalls in einem gewissem Umfang – durchaus möglich sind.[94] Bei gröberen Abweichungen von den Darstellungen im Flächennutzungsplan bedarf es der Entscheidung im Einzelfall.[95] Maßgeblich ist dabei immer die Einhaltung der gemeindlichen Planungskonzeption.[96] In einem solchen Einzelfall hat der VGH München[97] etwa Regelungen einer

---

90 BVerwG, Urt. v. 24.11.2011 a. a. O., (Fn. 89), NVwZ 2012, 557 Rn. 30 ff.; VG Bremen, a. a. O., (Fn. 73), BeckRS 2014, 52798; Storost, a. a. O., (Fn. 4), 457 (461).

91 BVerwG, Urt. v. 28.02.1975 – 4 C 74.72 – NJW 1975, 1985 (1986); dass., Urt. v. 24.11.2011, a. a. O., (Fn. 89), NVwZ 2012, 557, Rn. 30 sowie dass., Beschl. v. 20.07.1990 – 4 N 3.88 – NVwZ 1991, 262 (263).

92 Kraft, a. a. O., (Fn. 27), § 7 Rn. 12; W. Schrödter, a. a. O., (Fn. 30), § 7, Rn. 10.

93 Mitschang, a. a. O., (Fn. 29), § 5, Rn. 8.

94 Kraft, a. a. O., (Fn. 4), 829 (833).

95 In seiner Entscheidung zum Planfeststellungsbeschluss A 281 in Bremen hat das BVerwG die von den Darstellungen des Flächennutzungsplans abweichende Linienführung der A 281 des Fachplanungsträgers als nicht mehr vom Entwicklungsgebot gedeckt angesehen. Vgl. BVerwG, a. a. O., (Fn. 31), NVwZ 2011, 680 ff.

96 Vgl. hierzu BVerwG, Urt. v. 24.11.2011, a. a. O., (Fn. 89), NVwZ 2012, 557, Rn. 35.

97 VGH München, Urt. v. 27.11.2012 – 22 N 09.2974 – BeckRS 2013, 47294.

Wasserschutzverordnung als mit der Anpassungspflicht vereinbar angesehen, mit denen lediglich die wasserrechtliche Unbedenklichkeit von baulichen Anlagen und Nutzungen mit der im Flächennutzungsplan dargestellten Bebauung hergestellt werden sollte.[98] Deshalb muss durch die Gemeinde aus Gründen der Rechtsklarheit bei einer förmlichen Änderung des Flächennutzungsplans auch umgekehrt nach außen hin verdeutlicht werden, dass eine vom bisherigen Planungskonzept – gegebenenfalls auch mit dem anderen öffentlichen Planungsträger einvernehmliche – Abweichung vorgenommen werden soll.[99] Nicht ausreichend ist es, die Bindung an den Flächennutzungsplan durch Darlegungen in der Begründung herbeizuführen.[100]

Eine Gemeinde kann die Anpassungspflicht auch aufheben. Dies geschieht einfach dadurch, dass sie den Flächennutzungsplan ändert, ergänzt oder aufhebt.[101] Dabei ist es aber nicht möglich, auf die Anpassungspflicht formlos, etwa unter Zustimmung der Gemeindeverwaltung, zu verzichten. Zuständig hierfür ist vielmehr die Gemeindevertretung als das für die Aufstellung, Änderung, Ergänzung oder Aufhebung zuständige Gemeindeorgan.[102] Außerdem kann der Flächennutzungsplan seine Aufgabe, jedermann über die städtebauliche Entwicklung Auskunft zu geben, nur dann erfüllen, wenn sich der Bürger darauf verlassen kann, dass die Gemeinde den Flächennutzungsplan an eine veränderte Planungskonzeption anpasst.[103] Insoweit kann eine Gemeinde auch einvernehmlich der Planung eines anderen öffentlichen Planungsträgers oder einer Nutzungsregelung zustimmen, doch gebieten es dann Gründe der Rechtsklarheit, dass die Gemeinde ihren Flächennutzungsplan an die Planung oder Nutzungsregelung des anderen öffentlichen Planungsträgers förmlich, nach außen erkennbar dokumentiert, anpasst.[104] Erst durch die Änderung des Flächennutzungsplans wird dann das Einvernehmen hergestellt.[105]

---

98 Kraft, a. a. O., (Fn. 27), § 7 Rn. 12.

99 BVerwG, a. a. O., (Fn. 31), NVwZ 2011, 680 Rn. 48; OVG Hamburg, a. a. O., (Fn. 40), BeckRS 2014, 58008, Rn. 53.

100 Vgl. BVerwG, Urt. v. 24.11.2011 – 9 A 24.10 – NVwZ 2012, 557 Rn. 33.

101 BVerwG, a. a. O., (Fn. 31), NVwZ 2011, 680, Rn. 48 ff.

102 BVerwG, a. a. O., (Fn. 31), NVwZ 2011, 680, Rn. 46 ff. So aber noch VGH Mannheim, Urt. v. 18.11.1996 – 5 S 432.96 – NVwZ-RR 1998, 99 (100).

103 BVerwG, a. a. O., (Fn. 31), NVwZ 2011, 680, Rn. 50.

104 OVG Hamburg, a. a. O., (Fn. 40), BeckRS 2014, 58008, Rn. 53.

105 BVerwG, a. a. O., (Fn. 31), NVwZ 2011, 680, Rn. 51.

6 Anforderungen an den Widerspruch

Zunächst ist grundsätzlich zu differenzieren zwischen dem Widerspruch, den ein sonstiger öffentlicher Planungsträger zum Flächennutzungsplan der Gemeinde einlegen kann und den Anregungen, die dieser sowie im Übrigen auch jedermann zum Flächennutzungsplan während der Auslegung des Planentwurfs gemäß § 4 Abs. 2 BauGB geben kann. Nach § 4 Abs. 2 Satz 3 BauGB sollen sich die Behörden und sonstigen Träger öffentlicher Belange in ihren Stellungnahmen allerdings auf ihren Aufgabenbereich beschränken. Sie sollen außerdem Aufschluss über von ihnen beabsichtigte oder bereits eingeleitete Planungen und sonstige Maßnahmen sowie deren zeitlicher Abwicklung geben, soweit diese für die städtebauliche Entwicklung und Ordnung des Gebiets von Bedeutung sein können. Vor diesem Hintergrund ist im Einzelnen zu beurteilen, inwieweit es sich bei der vorgetragenen Anregung einerseits um eine den Funktionsbereich des anderen öffentlichen Planungsträgers betreffende Einwendung handelt und andererseits, welches inhaltliche Gewicht dieser Einwendung beizumessen ist. Bei grundlegenden Bedenken im Funktionsbereich des anderen öffentlichen Planungsträgers sind regelmäßig solche Anregungen angesprochen, die auch einen Widerspruch zum Flächennutzungsplan erwarten lassen. Demgegenüber dürften diese Anforderung nicht erfüllende Anregungen regelmäßig auch nur als Anregungen zu berücksichtigen sein.[106]

6.1 Begründung des Widerspruchs

Ein Widerspruch gegen den Flächennutzungsplan kommt für den anderen öffentlichen Planungsträger dann in Frage, wenn die Darstellungen des Flächennutzungsplans seinen eigenen Planungsabsichten entgegenstehen. Widerspricht er nicht, ist er an die Darstellungen des Flächennutzungsplans gebunden. Angesichts dessen muss sich der Widerspruch auf bestimmte Darstellungen des Flächennutzungsplans beziehen. Damit untrennbar zusammen hängt auch die Reichweite des Widerspruchs. Die Bindungswirkung entfällt daher nur so weit, wie der Widerspruch begründet ist. Praktisch bedeutet dies, dass für den Fall, in dem ein anderer öffentlicher Planungsträger der Darstellung etwa einer Wohnungsbauerweiterungsfläche widerspricht, er für diesen räumlichen Teil des Flächennutzungsplans zwar von einer Anpassungspflicht

106 Runkel, a. a. O., (Fn. 15), § 7, Rn. 6a.

freigestellt, hinsichtlich aller sonstigen Darstellungen allerdings an den Flächennutzungsplan gebunden ist. Ist er zeitlich nachfolgend daran interessiert aufgrund gegebenenfalls bestehender Bedarfe planerisch tätig zu werden, muss er nachträglich den Darstellungen des Flächennutzungsplans widersprechen.[107]

Der Widerspruch muss sich überdies auf solche Gründe stützen, die in der Planung des öffentlichen Planungsträgers angelegt sind.[108] Allgemeine Erwägungen oder lediglich die Aussage, dass dem Flächennutzungsplan widersprochen wird, die mit der Planung des öffentlichen Planungsträgers nicht in einem inhaltlichen Zusammenhang stehen, kann er nicht zum Gegenstand des Widerspruchs machen. Hierfür steht das Beteiligungsverfahren nach § 3 Abs. 2 BauGB zur Verfügung.

6.2 Frist und Form

Beim Widerspruch nach § 7 BauGB handelt es sich um eine bloße empfangsbedürftige Willenserklärung und nicht um einen Verwaltungsakt.[109] Er zeigt nur an, dass ein Vorbehalt des anderen öffentlichen Planungsträgers gegenüber den Darstellungsabsichten des gemeindlichen Flächennutzungsplans besteht. Ohne dass es irgendwie festgelegt und im Übrigen auch eine ausdrückliche Bezeichnung als Widerspruch nicht erforderlich ist,[110] empfiehlt es sich, den Widerspruch schriftlich abzufassen und zu begründen.[111] Nur so kann erstens seine Existenz überhaupt nachgewiesen und zweitens auch konkret erfasst werden, welchen Inhalt der Widerspruch hat und in welchem

107 Ebenda, § 7, Rn. 7a.

108 Mitschang, a. a. O., (Fn. 29), § 7, Rn. 8.

109 Mitschang, a. a. O., (Fn. 29), § 7, Rn. 6; Kraft, a. a. O., (Fn. 27), § 7 Rn. 16; Gaentzsch/Philipp a. a. O., (Fn. 25), § 7 Rn. 12;7, in: Ernst/Zinkahn/Bielenberg/Krautzberger, BauGB, Loseblattsammlung Stand: 108. Lfg. April 2013, § 7, Rn. 6d; Kümper, a. a. O., (Fn. 36), 9 (12). A.A. Gierke, a. a. O., (Fn. 2), § 7, Rn. 111, der den Widerspruch als einen Verwaltungsakt in materieller sowie in verfahrensrechtlicher Hinsicht qualifiziert.

110 VGH München, a. a. O., (Fn. 11), BeckRS 2007, 29666.

111 W. Schrödter, a. a. O., (Fn. 30), § 7, Rn. 5; auch Kraft, a. a. O., (Fn. 27), § 7 Rn. 16; Runkel, a. a. O., (Fn. 15), § 7 Rn. 7; Gierke, a. a. O., (Fn. 2), § 7, Rn. 119.

Detaillierungsgrad dieser abgefasst ist.[112] Im Übrigen dient dies auch dazu, der Gemeinde erkennen zu geben, ob es sich lediglich um eine Anregung auf der Grundlage von § 3 Abs. 2 BauGB oder tatsächlich um einen Widerspruch handelt. Zwar kann sich der andere öffentliche Planungsträger auch auf seine Stellungnahme berufen, die er im Rahmen der Beteiligung der Behörden und der sonstigen Träger öffentlicher Belange nach § 4 Abs. 1 BauGB abgegeben hat, doch ist es unabhängig davon für die Gemeinde stets ratsam, wenn sie sich bei dem öffentlichen Planungsträger um die maßgeblichen Gründe für seinen Widerspruch zu den Darstellungen ihres Flächennutzungsplans bemüht, um nicht einen Abwägungsfehler zu riskieren. Umgekehrt ergeben sich aus dem Dargelegten aber auch Anforderungen an die Planungen des anderen öffentlichen Planungsträgers. Diese muss einen solchen Planungsstand erreicht haben, dass die Gemeinde erkennen kann, inwieweit sachlich und räumlich andere Planungsvorstellungen des anderen öffentlichen Planungsträgers bestehen.[113] Liegt ein dies gewährleistender Konkretisierungsgrad der Planung des anderen öffentlichen Planungsträgers nicht vor, verbleibt nur die Möglichkeit des nachträglichen Widerspruchs.[114]

Ein nicht begründeter Widerspruch ist nach allgemeiner Auffassung unbeachtlich.[115] Er befreit den anderen öffentlichen Planungsträger nicht von der Anpassungspflicht. Zwar ist die Begründung des Widerspruchs keine Wirksamkeitsvoraussetzung, sie ist aber aus Gründen der sachgerechten Planung und wirksamer Planungskoordination sachliche Verpflichtung des öffentlichen Planungsträgers.[116] Da der von § 7 BauGB verfolgte Koordinationszweck sowohl für die vom sonstigen öffentlichen Planungsträger beabsichtigte Planung als auch für die gemeindliche Flächennutzungsplanung von erheblicher Bedeutung ist, dürfen die Anforderungen an die Begründung des

112 W. Schrödter, a. a. O., (Fn. 30), § 7, Rn. 5.

113 Zu Recht: Gierke, a. a. O., (Fn. 2), § 7, Rn. 114a.

114 Kümper, a. a. O., (Fn. 36), 9 (12).

115 Mitschang, a. a. O., (Fn. 29), § 7, Rn. 9; Gaentzsch/Philipp, a. a. O., (Fn. 25), § 7 Rn. 12; Kraft, a. a. O., (Fn. 27), § 7, Rn. 17.

116 So zu Recht: Runkel, a. a. O., (Fn. 15), § 8, Rn. 7c; Gaentzsch/Philipp, a. a. O., (Fn. 25), § 7, Rn. 12; W. Schrödter, a. a. O., (Fn. 30), § 7, Rn. 5.

Widerspruchs auch nicht überspannt werden.[117] Deutlich werden muss aber der Konflikt.[118] Bindungen oder Vorbehalte sind unzulässig.[119]

Die für die abweichende Planung eines anderen öffentlichen Planungsträgers vorgebrachten Belange müssen diejenigen städtebaulichen Belange, die sich aus den Darstellungen des Flächennutzungsplans ergeben, nicht „nicht nur unwesentlich überwiegen". Dies ist nach § 7 Satz 5 BauGB nur für den „nachträglichen Widerspruch" erforderlich.[120]

Adressat des Widerspruchs ist die Gemeinde, denn diese ist grundsätzlich auch Planungsträger der vorbereitenden Bauleitplanung. Soweit ein Planungsverband[121] anstelle der Gemeinde für die Flächennutzungsplanung zuständig ist[122], muss der Widerspruch dort eingelegt werden. Bei einem gemeinsamen Flächennutzungsplan[123] ist der Widerspruch bei einer der beteiligten Gemeinden einzulegen.

6.3 Zeitpunkt der Einlegung des Widerspruchs

§ 7 Satz 2 BauGB regelt den Zeitpunkt des Widerspruchs. Hiernach ist dieser bis zum Beschluss der Gemeinde über den Flächennutzungsplan einzulegen. Zurückzuführen ist dies darauf, dass der Gemeinde die Möglichkeit verbleiben soll, den gegen die Darstellungen ihres Flächennutzungsplans gerichteten Widerspruch sachgerecht auszuräumen und dadurch dem § 7 BauGB zugrundeliegenden Zweck der Koordination Rechnung tragen zu können.[124] Da der Widerspruch bis zum „Beschluss" der Gemeinde einzulegen ist, bestimmt sich der maßgebliche Zeitpunkt auf die konkrete Tageszeit[125], an

117 Zu Recht: W. Schrödter, a. a. O., (Fn. 30), § 7, Rn. 3.

118 Gaentzsch/Philipp, a. a. O., (Fn. 25), § 7, Rn. 12; Kraft, a. a. O., (Fn. 27), § 7, Rn. 17.

119 Runkel, a. a. O., (Fn. 15), § 7, Rn. 7.

120 Gierke, a. a. O., (Fn. 2), § 7, Rn. 114b bezeichnet die Regelung in § 7 BauGB insoweit als asymmetrisch.

121 Vgl. § 205 BauGB.

122 z. B. die Verbandsgemeinden in Rheinland-Pfalz.

123 Vgl. § 204 BauGB.

124 BT-Drs. 13/6392, 48.

125 Mitschang, a. a. O., (Fn. 29), § 7, Rn. 10; Runkel, a. a. O., (Fn. 15), § 7, Rn. 8; Kümper, a. a. O., (Fn. 36), 9 (12).

dem der Beschluss tatsächlich gefasst wird.[126] Wird dieser Zeitpunkt nicht eingehalten und der Widerspruch eines sonstigen öffentlichen Planungsträgers wird verspätet eingelegt, dann handelt es sich um einen nachträglichen Widerspruch im Sinne von § 7 Satz 4 BauGB.[127] Nach den gesetzlichen Vorgaben findet eine Information des sonstigen öffentlichen Planungsträgers über den Zeitpunkt der Beschlussfassung nicht statt. Diesen bei der Gemeinde zu erfragen, obliegt dem sonstigen öffentlichen Planungsträger, der dem Flächennutzungsplan widersprechen will.

§ 7 Satz 2 BauGB regelt, bis wann spätestens der Widerspruch gegen die Darstellungen des Flächennutzungsplans einzulegen ist. Demgegenüber regelt die Bestimmung nicht den Zeitpunkt, zu dem der Widerspruch sinnvollerweise eingelegt werden sollte. Hierfür bieten sich in Abhängigkeit vom materiellen Gehalte der Planung im konkreten Einzelfall mehrere Ansatzpunkte:

- Die Anhörung der Behörden und sonstigen Träger öffentlicher Belange nach § 4 Abs. 1 BauGB.
- Die Auslegung des Planentwurfs nach § 4 Abs. 2 BauGB.

Insoweit kann ein Widerspruch schon im Verfahren nach § 4 BauGB zulässig eingelegt und auch wirksam werden,[128] aber er ist nicht daran gebunden. Nach § 4 Abs. 1 BauGB sind die Behörden und sonstigen Träger öffentlicher Belange, deren Aufgabenbereich durch die Planung berührt werden kann, entsprechend § 3 Abs. 1 Satz 1 Halbsatz 1 BauGB zu unterrichten und zur Äußerung aufzufordern. Im Rahmen dieser frühzeitigen und ersten Stufe der Beteiligung von Behörden und Trägern öffentlicher Belange können die anderen öffentlichen Planungsträger den Planungsabsichten der Gemeinde widersprechen.[129] Je früher der Planungskonflikt offenliegt, desto eher

---

126 Der auf den Ablauf des Tages abstellende § 188 Abs. 1 BGB kommt hier nicht zur Anwendung, da es bei § 7 BauGB nicht auf den Ablauf einer Frist nach Tagen ankommt. A.A. Kraft, a. a. O., (Fn. 27), § 7 Rn. 18, der auf den Tag der Beschlussfassung abstellt, weil danach eine Änderung des Flächennutzungsplans im laufenden Verfahren nicht mehr möglich ist.

127 Gaentzsch/Philipp, a. a. O., (Fn. 25), § 7, Rn. 13.

128 Runkel, a. a. O., (Fn. 15), § 7, Rn. 8.

129 Den Stand der „Planreife“ braucht der Flächennutzungsplan nicht zu haben. So zu Recht W. Schrödter, a. a. O., (Fn. 30), § 7, Rn. 6.

besteht die Möglichkeit, bestehende Bedenken auszuräumen. Allerdings ist dies von den zur Verfügung stehenden Informationen abhängig und nur dann sachgerecht auch durchführbar, wenn seitens der Gemeinde konkrete und aus ihrer Sicht unveränderbare planerische Willensabsichten geäußert werden. Oftmals ist dies aber nicht der Fall, sondern vielmehr wird von Seiten der Gemeinde gerade die erste Stufe der Beteiligung der Behörden und sonstigen Träger öffentlicher Belange dafür herangezogen, sich über die konkrete Situation im Plangebiet zu informieren und erst auf dieser Basis dann den Bauleitplanentwurf detaillierter auszugestalten. Insoweit liegt in der Planungspraxis oftmals erst zum Zeitpunkt der Planauslegung auch ein Bauleitplanentwurf vor, dem konkrete Informationen zu den gemeindlichen Planungsabsichten entnommen werden können.

Auf dieser zweiten Beteiligungsstufe holt die Gemeinde Stellungnahmen der Behörden und sonstigen Träger öffentlicher Belange, deren Aufgabenbereich durch die Planung berührt werden kann. Gegenstand der Stellungnahmen sind der Planentwurf und die Begründung. Auch hat zu diesem Zeitpunkt bereits eine erste Stufe der Öffentlichkeitsbeteiligung stattgefunden. Die Stellungnahme der Behörden und sonstigen Träger öffentlicher Belange muss gemäß § 4 Abs. 2 Satz 2 BauGB innerhalb einer Monatsfrist erfolgen, kann aber bei Vorliegen eines wichtigen Grundes von der Gemeinde angemessen verlängert werden. Da für den Widerspruch durch § 7 Satz 2 BauGB eine ausdrückliche Regelung über den spätesten Zeitpunkt getroffen ist, haben weder die Monatsfrist noch die Möglichkeit ihrer Verlängerung Bedeutung. Er kann also durchaus auch nach Ablauf der Monatsfrist noch bei der Gemeinde eingelegt werden.[130]

Unberührt bleiben auch die Möglichkeiten, den Widerspruch zeitlich nachfolgenden Änderungen oder Ergänzungen des Flächennutzungsplans erstmalig einzulegen. Entscheidend ist, dass sich die gemeindlichen Planungsvorstellungen mit denjenigen des sonstigen öffentlichen Planungsträgers nicht im Einklang befinden. Umgekehrt erstreckt sich ein Widerspruch gegen die Darstellungen des Flächennutzungsplans nicht auf nachfolgende

130 Gaentzsch/Philipp, a. a. O., (Fn. 25), § 7, Rn. 13.

Änderungen oder Ergänzungen.[131] Vielmehr ist in diesen Fällen erneut Widerspruch einzulegen.[132]

6.4 Folgen des Widerspruchs

Der Widerspruch bewirkt zunächst, dass derjenige andere öffentliche Planungsträger, der den Darstellungen des Flächennutzungsplans widersprochen hat, und der nach § 4 BauGB oder nach § 13 BauGB beteiligt worden ist, von der Anpassungspflicht formal freigestellt ist. Er wirkt sich auf die Steuerungsfunktion des Flächennutzungsplans aus, denn insoweit ist die weitere städtebauliche Entwicklung in dem betreffenden Bereich in Bezug auf die zulässige Bodennutzung noch mit Unsicherheiten belegt. Dies gilt etwa in Bezug auf Satzungen nach § 34 Abs. 4 BauGB oder als öffentlicher Belang nach § 35 Abs. 3 BauGB. Um diese Unsicherheiten zu vermeiden, ist es zunächst Aufgabe der Genehmigungsbehörde hinsichtlich des Widerspruchs des anderen öffentlichen Planungsträgers an einer Lösungsstrategie zu arbeiten, um den bestehenden Konflikt zwischen Gemeinde und anderem öffentlichem Planungsträger doch noch bewältigen zu können.[133]

Gelingt dies nicht, besteht im Weiteren allerdings das Erfordernis, zwischen den Folgen des Widerspruchs für die Gemeinde als Trägerin der Flächennutzungsplanung und den Folgen für den anderen öffentlichen Planungsträger und die von ihm beabsichtigte Planung zu unterscheiden.

6.4.1 Flächennutzungsplan der Gemeinde

Eine gesonderte Entscheidung der Gemeinde über den Widerspruch des anderen öffentlichen Planungsträgers ist nicht erforderlich, da es sich nicht um einen Widerspruch im Sinne von § 68 VwGO[134] handelt.

Die Gemeinde ist zunächst nicht dazu verpflichtet, bei einem Widerspruch gegen den Flächennutzungsplan, diesen an die Planungsvorstellungen des

---

131 Gierke, a. a. O., (Fn. 2), § 7, Rn. 113.

132 Zu den Möglichkeiten eines „vorsorglichen" Widerspruchs, vgl. Runkel, a. a. O., (Fn. 15), § 7, Rn. 7b.

133 Vgl. Erbguth, a. a. O., (Fn. 4), ZUR 2013, 643 (644); Mitschang, a. a. O., (Fn. 29), § 7, Rn. 12.

134 Verwaltungsgerichtsordnung (VwGO) i. d. F. der Bek. vom 19.03.1991, BGBl. I S. 686, zul. geänd. durch Gesetz vom 21.12.2015, BGBl. I S. 2490.

anderen öffentlichen Planungsträgers anzupassen.[135] Sie verdeutlicht dem anderen öffentlichen Planungsträger durch die Darstellungen des Flächennutzungsplans, dass die gemeindlichen Planungsabsichten eben andere sind. Gleichwohl ist sie dazu verpflichtet, sich in ihrer bauleitplanerischen Abwägung mit den Belangen des Widerspruchs im Einzelnen auseinanderzusetzen und dies in der Begründung zum Flächennutzungsplan darzulegen. Letztlich ist es Sache einer gerechten Abwägung, ob die Gemeinde auf den Widerspruch eines anderen öffentlichen Planungsträgers eine Änderung der Darstellungen ihres Flächennutzungsplans vornehmen muss oder nicht.

Sind aber die Anforderungen an das Abwägungsgebot und das Verfahren eingehalten, kann der Flächennutzungsplan nach § 6 Abs. 5 Satz 2 BauGB wirksam werden, auch soweit der andere öffentliche Planungsträger dem vorbereitenden Bauleitplan widersprochen hat.[136] Vielmehr wird dadurch erst der eigentliche Ansatzpunkt von § 7 BauGB als koordinierende Vorschrift deutlich. Es muss zwischen den Darstellungen des Flächennutzungsplans der Gemeinde und den Planungen des anderen öffentlichen Planungsträgers ein noch nicht aufgelöster Konflikt vorhanden sein.

Aufgabe der höheren Verwaltungsbehörde ist es, bei der Genehmigung des Flächennutzungsplans zu prüfen, ob es mit dem Abwägungsgebot vereinbar ist, dem Widerspruch des anderen öffentlichen Planungsträgers nicht oder nur in Teilen nachzukommen. Dazu muss sie prüfen, ob die Gemeinde den Widerspruch des anderen öffentlichen Planungsträgers in die Abwägung eingestellt und gerecht abgewogen hat.[137] Bei Verstoß gegen das Abwägungsgebot ist gegebenenfalls die Genehmigung des Flächennutzungsplans nach § 6 Abs. 2 BauGB zu versagen. In diesem Zusammenhang ist es wichtig hervorzuheben, dass die höhere Verwaltungsbehörde nicht befugt ist, über den Widerspruch zu entscheiden.[138] Dies obliegt der Gemeinde. Die höhere Verwaltungsbehörde übt nur die Rechtsaufsicht aus und prüft, ob der Flächennutzungsplan ordnungsgemäß zustande gekommen ist, also

---

135 Runkel, a. a. O., (Fn. 15), § 7, Rn. 9; Stand: 14. Lfg. vom Oktober 2009, § 7, Rn. 15; Kraft, a. a. O., (Fn. 27), § 7, Rn. 20.

136 Runkel, a. a. O., (Fn. 15), § 7, Rn. 9a.

137 Siehe hierzu: OVG Münster, Urt. v. 11.01.1999 – 7 A 2377.96 – BauR 2000, 62 (64 f.).

138 So zu Recht: Kümper, a. a. O., (Fn. 36), 9 (15): Der Genehmigungsbehörde ist keine Planungskompetenz beizumessen.

die Abwägung nach den insoweit maßgeblichen Abwägungsgrundsätzen durchgeführt worden ist.[139]

In der Planungspraxis kommt es aber vielfach nicht dazu, weil der andere öffentliche Planungsträger die mit seiner Planung verfolgten Zielsetzungen oftmals nur unzureichend konkretisieren kann oder diese zu dem betreffenden Zeitpunkt auch nicht konkret genug vorliegen und insoweit noch gar keine Aussage darüber getroffen werden kann, ob die Realisierung seiner Planung zur Funktionslosigkeit der Darstellungen des Flächennutzungsplans führt. Soweit jedenfalls der bestehende Konflikt nicht oder noch nicht ausgeräumt werden kann, kommt schließlich auch eine Anwendung des § 6 Abs. 3 BauGB in Frage. Hiernach kann die höhere Verwaltungsbehörde räumliche und sachliche Teile des Flächennutzungsplans von der Genehmigung ausnehmen, wenn die Versagungsgründe nicht ausgeräumt werden können.[140] Umgekehrt kann auch die Gemeinde gemäß § 5 Abs. 1 Satz 2 BauGB die vom Widerspruch betroffenen Teile ausnehmen.[141]

Wird der mit einem Widerspruch belastete Flächennutzungsplan dennoch genehmigt, findet im Grunde genommen eine „Vertagung" der Konfliktbewältigung auf den Zeitpunkt der nachfolgenden Planung des anderen öffentlichen Planungsträgers statt. Dort sind dann die gemeindlichen Planungsabsichten erneut in die Abwägung einzustellen und können im Übrigen von der Gemeinde auch noch einmal im Rahmen des Beteiligungsverfahrens akzentuiert werden.

Die von den Darstellungen des Flächennutzungsplans abweichenden Planungsvorstellungen des anderen öffentlichen Planungsträgers, welche für den Widerspruch ursächlich waren, muss die Gemeinde bei nicht ausgeräumten und bestehen gebliebenen Widersprüchen im Flächennutzungsplan gemäß § 5 Abs. 4 Satz 2 BauGB nachrichtlich vermerken. Dadurch wird vor allem nach außen deutlich gemacht, dass der Flächennutzungsplan sachlich oder räumlich mit einem Widerspruch versehen ist. Für einen Bebauungsplan, der aufgestellt, geändert, ergänzt oder aufgehoben wird, hat dies zur Folge, dass im Rahmen seiner zu treffenden Abwägungsentscheidungen die

139 Kraft, a. a. O., (Fn. 27), § 7 Rn. 21; Mitschang, a. a. O., (Fn. 29), § 7 Rn. 15.

140 Mitschang, a. a. O., (Fn. 29), § 7 Rn. 13; Gaentzsch/Philipp, a. a. O., (Fn. 25), § 7 Rn. 18.

141 Vgl. Mitschang, a. a. O., (Fn. 29), § 5 Rn. 2.

abweichenden Planungsvorstellungen des anderen öffentlichen Planungsträgers zu berücksichtigen sind.

6.4.2 *Planung des öffentlichen Planungsträgers*

Zunächst ist festzuhalten, dass ein anderer öffentlicher Planungsträger vor dem Hintergrund einer bestehenden Anpassungspflicht nicht dazu verpflichtet ist, die im Flächennutzungsplan wiedergegebene Planaussage zu verwirklichen.[142]

Soweit ein anderer öffentlicher Planungsträger dem Flächennutzungsplan der Gemeinde aber widerspricht, kann dies dazu führen, dass die Gemeinde die Darstellungen des Flächennutzungsplans ändert und damit dem Widerspruch des anderen öffentlichen Planungsträgers nachkommt. Dies kann dadurch geschehen, dass die Gemeinde – gegebenenfalls auch unter Einbeziehung des anderen öffentlichen Planungsträgers – entweder einseitig ihre Planung oder wechselseitig die Gemeinde und auch der planende andere öffentliche Planungsträger ihre Planungen entsprechend dem Zweck der Vorschrift in § 7 BauGB koordinieren. Ist dies der Fall, unterliegt der andere öffentliche Planungsträger der Anpassungspflicht, denn er hat dann keinen Widerspruch gegen den Flächennutzungsplan eingelegt. Will er dennoch zeitlich nachfolgend von den Darstellungen des Flächennutzungsplans abweichende Planungen vornehmen, bedarf es eines nachträglichen Widerspruchs.[143]

Ändert die Gemeinde oder ändern die Gemeinde und der andere öffentliche Planungsträger ihre beabsichtigten Planungen nicht, lässt sich der Konflikt also nicht beseitigen, führt dies dazu, dass der andere öffentliche Planungsträger von der Anpassung seiner Planungen an die Darstellungen des Flächennutzungsplans freigestellt ist. Die gesetzlich vorgesehenen Wirkungen des Flächennutzungsplans werden insoweit eingeschränkt, und zwar in dem Moment, in dem der Flächennutzungsplan wirksam geworden ist.[144] Dabei gilt die Freistellung nur für die vom anderen öffentlichen Planungsträger beabsichtigten Planungen, für die der Widerspruch begründet wird. Alle sonstigen Planungsabsichten, die der andere öffentliche Planungsträger darüberhinausgehend hat, unterliegen der Anpassungspflicht an die Darstellungen des

142 OVG Münster, a. a. O., (Fn. 70), BeckRS 1989, 08168, Rn. 24.

143 Hierzu unten: 7.

144 Gierke, a. a. O., (Fn. 2), § 7, Rn. 136.

Flächennutzungsplans. Handelt es sich um einen nur sachlich oder räumlich begrenzten Widerspruch, gilt die Freistellung nur dafür.

Gleichwohl obliegt es dem anderen öffentlichen Planungsträger, auch angesichts der Freistellung von den Darstellungen des Flächennutzungsplans, die Gemeinde zu beteiligen und die abweichenden Darstellungen des Flächennutzungsplans in seine Abwägung einzubeziehen.[145] Er hat dann die gemeindlichen Entwicklungsabsichten, wie sie durch die Darstellungen des Flächennutzungsplans zum Ausdruck kommen, in die im Rahmen seiner Planung durchzuführende Abwägung einzustellen und bei seiner Abwägungsentscheidung mit dem ihnen zukommenden Gewicht zu berücksichtigen. Wird die Planung des anderen öffentlichen Planungsträgers abgeschlossen, kann die Gemeinde nach § 1 Abs. 3 BauGB zu einer Änderung oder Ergänzung ihres Flächennutzungsplans verpflichtet sein.[146]

Hat die Gemeinde mittlerweile aus dem Flächennutzungsplan Bebauungspläne entwickelt, erhöht sich das städtebauliche Gewicht in der Abwägung. Gleichwohl ist dabei anzuerkennen, dass der andere öffentliche Planungsträger durch seinen Widerspruch von der Anpassungspflicht an den Flächennutzungsplan formal freigestellt ist und damit auch keine Bindung an aus dem Flächennutzungsplan entwickelte Bebauungspläne hat. Soweit es sich um eine privilegierte Fachplanung nach § 38 BauGB handelt, kann sich der andere öffentliche Planungsträger sogar mit seiner Planung gegenüber den städtebaulichen Planungen der Gemeinde im Rahmen sachgerechter Abwägung durchsetzen.[147] Insoweit kann es sich ergeben, dass sich die Planung des anderen öffentlichen Planungsträgers durchsetzt, doch sind dabei auch die Interessen der Gemeinde zu berücksichtigen. Daher kann es das Ergebnis einer sachgerechten Abwägung sein, dass sich die Planung des anderen öffentlichen Planungsträgers zwar tatsächlich durchsetzt, aber durchaus an den

---

145 Herrschende Auffassung: Gierke, a. a. O., (Fn. 2), § 7, Rn. 138; Gaentzsch/Philipp, a. a. O., (Fn. 25), § 7, Rn. 15; Mitschang, a. a. O., (Fn. 29), § 7, Rn. 6. Schrödter, a. a. O., (Fn. 30), § 7, Rn. 15.

146 Gierke, a. a. O., (Fn. 2), § 7 Rn. 142.

147 Runkel, a. a. O., (Fn. 15), § 7 Rn. 9a; Mitschang, a. a. O., (Fn. 29), § 7 Rn. 15.

Bedürfnissen der Gemeinde ausrichten und sich in das gesamtgemeindliche Bodennutzungskonzept einfügen muss.[148]

7 Nachträglicher Widerspruch

§ 7 Satz 3 bis 5 BauGB enthält Bestimmungen über den nachträglichen Widerspruch und die an ihn gestellten inhaltlichen und verfahrensrechtlichen Anforderungen, damit der andere öffentliche Planungsträger von der gemäß § 7 Satz 1 BauGB eingetretenen Anpassungspflicht wieder freigestellt werden kann. Hierzu sieht der Bundesgesetzgeber eine gestufte Vorgehensweise vor:

- Mit dem Ziel der Einigung muss sich der andere öffentliche Planungsträger beim Vorliegen einer veränderten Sachlage mit der Gemeinde ins Benehmen setzen und versuchen, den Koordinierungsbedarf durch einen Einigungsversuch zu bewältigen (vgl. § 7 Satz 3 BauGB).
- Scheitert der Einigungsversuch kann durch den anderen öffentlichen Planungsträger von der Möglichkeit des nachträglichen Widerspruchs Gebrauch gemacht werden (vgl. § 7 Satz 4 BauGB).
- Der Widerspruch steht allerdings unter bestimmten Voraussetzungen, denn er ist nur zulässig, wenn die für die abweichende Planung geltend gemachten Belange, die sich aus dem Flächennutzungsplan ergebenden städtebaulichen Belange nicht nur unwesentlich überwiegen (vgl. § 7 Satz 5 BauGB).
- Unter entsprechender Anwendung von § 37 Abs. 3 BauGB besteht im Falle einer abweichenden Planung für entstehende Aufwendungen und Kosten eine Entschädigungspflicht des anderen öffentlichen Planungsträgers (vgl. § 7 Satz 6 BauGB).

7.1 Keine Anpassungspflicht bei Änderung der Sachlage

Wird durch eine Veränderung der Sachlage eine abweichende Planung erforderlich, muss sich der andere öffentliche Planungsträger gemäß § 7 Satz 3 BauGB unverzüglich mit der Gemeinde ins Benehmen setzen. Angesprochen ist dadurch der Fall, dass der am Flächennutzungsplan beteiligte andere öffentliche Planungsträger entweder nicht widersprochen oder die

148 Dies kann dazu führen, dass etwa eine Straßentrasse um einige Meter verschoben werden muss oder ein Schutzgebiet in seinen Pufferflächen räumlich anders ausgerichtet wird.

Gemeinde den Widerspruch durch Änderung ihrer ursprünglich beabsichtigten Planung beseitigt hat und der andere öffentliche Planungsträger daher an den Flächennutzungsplan gemäß § 7 Satz 1 BauGB gebunden ist. Aus dieser Bindung kann der andere öffentliche Planungsträger nur entlassen werden, wenn eine Veränderung der Sachlage dies erfordert.[149] Adressiert ist § 7 Satz 3 BauGB daher an den anderen öffentlichen Planungsträger und nicht an die Gemeinde.[150] Dies ergibt sich aus der in § 7 Satz 3 BauGB in Bezug genommenen veränderten Sachlage einerseits und aus der insoweit erforderlich werdenden abweichenden Planung durch den öffentlichen Planungsträger andererseits. Im Übrigen sieht auch § 7 Satz 6 BauGB eine Entschädigungspflicht des anderen öffentlichen Planungsträgers vor, soweit eine Abweichung seiner Planung erforderlich wird.

Es muss sich um eine Veränderung der Sachlage in Bezug auf die beabsichtigte Planung des anderen öffentlichen Planungsträgers handeln. Damit angesprochen ist etwa der Fall, dass zur Beseitigung eines Unfallschwerpunktes im Innerortsbereich eine neue Umgehungsstraße gebaut werden soll und hierfür Flächen die für den Eingriffsausgleich einer anderen Planung vorgesehen waren, in Anspruch genommen werden sollen.[151] Maßgeblich ist stets eine Änderung der objektiven Umstände und nicht eine neue subjektive Bewertung eines unveränderten Sachverhalts.[152] Eine Veränderung der Sachlage kann in mehrerlei Hinsicht eintreten. Es können sich die tatsächlichen Gegebenheiten verändert haben und es können sich Informationen herausstellen, die zum Zeitpunkt eines möglichen Widerspruchs weder bekannt waren noch hätten bekannt sein müssen.[153] Eine Veränderung der tatsächlichen Gegebenheiten liegt etwa vor, wenn sich die Verhältnisse im Plangebiet oder in seiner Nachbarschaft, die räumlichen und finanziellen Rahmenbedingungen für die Planung selbst[154] sowie die prognostischen Grundlagen für die Planung grundlegend verändert haben. Auch rechtliche Veränderungen

149 Vgl. hierzu auch Kraft, a. a. O., (Fn. 27), § 7, Rn. 25; Runkel, a. a. O., (Fn. 15), § 7, Rn. 18.

150 Runkel, a. a. O., (Fn. 15), § 7, Rn. 16.

151 Vgl. auch W. Schrödter, a. a. O., (Fn. 30), § 7, Rn. 11.

152 Mitschang, a. a. O., (Fn. 29), § 7, Rn. 17.

153 Gaentzsch/Philipp, a. a. O., (Fn. 25), § 7 Rn. 19; Runkel, a. a. O., (Fn. 15), § 7, Rn. 16.

154 Gierke, a. a. O., (Fn. 2), § 7, Rn. 150.

können insoweit zu sachlichen Veränderungen führen, wenn etwa Planungen aufgrund von Rechtsänderungen geändert werden müssen.[155] Auch können Belange, die bei der Aufstellung des Flächennutzungsplans lediglich als geringwertig bekannt waren, nunmehr ein solches Gewicht erfahren haben, dass sie zwingend berücksichtigt werden müssen[156]. Praktisch bedeutsam wird dies insbesondere dann, wenn der andere öffentliche Planungsträger zum Zeitpunkt der Aufstellung des Flächennutzungsplans noch nicht auf eine hinreichende Konkretisierung seiner Planungsvorstellungen zurückgreifen kann, dies aber zeitlich nachfolgend zu einer Veränderung der Sachlage führt.[157] Dies gilt allerdings nicht für in einer nur informellen Planung zum Ausdruck gebrachte abweichende Planungsvorstellungen vom Flächennutzungsplan (z. B. durch einen Masterplan[158]). Die Veränderung der Sachlage muss also so beschaffen sein, dass sie für den anderen öffentlichen Planungsträger zu diesem Zeitpunkt weder erkennbar noch absehbar war, denn dann hatte dieser die Gelegenheit gehabt, dem Flächennutzungsplan zu widersprechen und sich seiner Bindungspflicht zu entziehen.[159] Daraus wird deutlich, dass nur eine die abweichende Planung erforderlich machende Veränderung der Sachlage von § 7 Satz 3 BauGB erfasst wird,[160] und in Kenntnis dieser veränderten Sachlage zu einer möglicherweise anderen Beurteilung hätte führen können, wenn sie dort schon bekannt gewesen wäre.

Inwieweit dies der Fall ist, ergibt sich nach Maßgabe des in § 7 Satz 3 und 4 BauGB angelegten Koordinierungsverfahrens. Der andere öffentliche Planungsträger muss sich unverzüglich, also ohne schuldhaftes Zögern[161],

---

155 Darauf weist Kümper, a. a. O., (Fn. 36), 9 (16) zutreffend hin.

156 z. B. Kenntnisse über Bodenbelastungen. Auch Runkel, a. a. O., (Fn. 15), § 7, Rn.16.

157 z. B. bei der Entscheidung über Planungsalternativen.

158 BVerwG, a. a. O., (Fn. 31), NVwZ 2011, 680, Rn. 59.

159 Kraft, a. a. O., (Fn. 4), DVBl. 1999, 829 (833); Runkel, a. a. O., (Fn. 15), § 7, Rn. 16.

160 Gaentzsch/Philipp a. a. O., (Fn. 25), § 7, Rn. 21.

161 In der Planungspraxis verstreicht regelmäßig kein geringer Zeitraum, bis sich die Gemeinde äußert. Dann besteht für den anderen öffentlichen Planungsträger die Möglichkeit nach Ablauf einer angemessenen Frist von einem Scheitern des Einigungsversuchs auszugehen und nachträglichen Widerspruch einzulegen. Gierke, a. a. O., (Fn. 2), § 7, Rn. 155.

ins Benehmen mit der Gemeinde setzen.[162] Ziel des Koordinierungsverfahrens ist es, zwischen den unterschiedlichen Planungszielen eine Einigung durch Einvernehmen zwischen der Gemeinde und dem anderen öffentlichen Planungsträger herbeizuführen.[163] Zuständig für das Erteilen des Einvernehmens ist die Gemeindevertretung und nicht die Gemeindeverwaltung. Eine zeitliche Frist wird weder für das Einvernehmen noch für den nachträglichen Widerspruch geregelt. Ergebnis kann es dann sein, dass die Gemeinde ihren Flächennutzungsplan an die geänderten Planungsabsichten des anderen öffentlichen Planungsträgers anpasst, umgekehrt der andere öffentliche Planungsträger seine beabsichtigte Planung an den Flächennutzungsplan anpasst oder sowohl die Gemeinde als auch der andere öffentliche Planungsträger ihre Planungsabsichten miteinander koordinieren. Bleibt das Koordinierungsverfahren ohne Erfolg, richtet sich die weitere Vorgehensweise nach § 7 Satz 4 und 5 BauGB.

7.2 Voraussetzungen

§ 7 Satz 4 BauGB normiert die Möglichkeit des nachträglichen Widerspruchs. Dem liegt der nicht selten vorkommende Umstand zu Grunde, dass sich neue und andere Anforderungen ergeben können, die den anderen öffentlichen Planungsträger dazu veranlassen, trotz bestehender Anpassungspflicht und nicht eingelegtem Widerspruch, den Darstellungen des Flächennutzungsplans dann nachträglich zu widersprechen. Zeitlich kann, aber muss dies nicht mit der Aufstellung oder Änderung der schon laufenden Planung des anderen öffentlichen Planungsträgers einhergehen. Maßgeblich ist lediglich die Feststellung, dass die Planungsabsichten des anderen öffentlichen Planungsträgers auf eine veränderte Sachlage treffen. Der nachträgliche Widerspruch kann aber erst eingelegt werden, wenn dem Koordinierungsbedarf im Rahmen des in § 7 Satz 3 BauGB geforderten Einigungsversuchs zwischen der Gemeinde und dem anderen öffentlichen Planungsträger nicht Rechnung getragen werden „kann". Durch die Inbezugnahme des Wörtchens „kann" wird auf den tatsächlichen Vorgang des „Einigens" zwischen Gemeinde und

162 Vgl. § 121 Abs. 1 Satz 2 BGB.
163 Mitschang, a. a. O., (Fn. 29), § 7, Rn. 18.

anderem öffentlichen Planungsträger abgestellt und nicht auf rechtliche oder objektiv richtige und mögliche Lösungen.[164]

§ 7 Satz 4 BauGB stellt die Zulässigkeit des nachträglichen Widerspruchs in eine Abhängigkeit vom Einigungsversuch. Erst wenn bei ernsthaften Bemühungen kein Einvernehmen erreicht werden kann, darf von der Möglichkeit des nachträglichen Widerspruchs Gebrauch gemacht werden. Verläuft dieser Einigungsversuch nicht erfolgreich, greift § 7 Satz 5 BauGB. Nur wenn sich die Sachlage objektiv verändert hat, eine Einigung mit der Gemeinde nicht erzielt werden konnte und außerdem die für die abweichende Planung geltend gemachten städtebaulichen Belange nicht nur unwesentlich überwiegen, kann nach dieser Bestimmung dennoch eine Freistellung von der Anpassungspflicht erreicht werden. Bei der Anforderung, dass die für die abweichende Planung geltend gemachten Belange die städtebaulichen Belange nicht nur unwesentlich überwiegen, handelt es sich zwar um eine materiell-rechtliche Voraussetzung[165], die allerdings ein dem Abwägungsgebot immanentes Prinzip in sich trägt,[166] welches in seiner Wirkung allerdings zu einer Stärkung der gemeindlichen Belange führt.[167] Der andere öffentliche Planungsträger darf nach § 7 Satz 5 BauGB nur dann zulässig von seinem nachträglichen Widerspruch Gebrauch machen, wenn seine planerischen Belange die städtebaulichen Belange des Flächennutzungsplans nicht nur unwesentlich überwiegen. Dadurch wird dem bestehenden Flächennutzungsplan und den durch ihn zum Ausdruck gebrachten städtebaulichen Belangen ein Vorrang gegenüber den planerischen Belangen des anderen öffentlichen Planungsträgers eingeräumt.[168] Besondere Bedeutung hat dies insoweit, als die anderen öffentlichen Planungsträger auf ihre fachplanerische Privilegierung im Sinne von § 38 BauGB zurückgreifen können.[169] Anders als bei der Abstimmung im Rahmen der Aufstellung, Änderung oder Ergänzung des Flächennutzungsplans nach § 7 Satz 1 BauGB ist nach § 7 Satz 5 BauGB bereits die Zulässigkeit des nachträglichen Widerspruchs von der materiellen Rechtslage

164 Gaentzsch/Philipp, a. a. O., (Fn. 25), § 7, Rn. 26.
165 Runkel, a. a. O., (Fn. 15), § 7, Rn. 20; Gierke, a. a. O., (Fn. 2), § 7, Rn. 158.
166 BVerwG, Beschl. v. 18.12.1995 – 4 NV 8.95 – NVwZ 1997, 173 (174).
167 Gaentzsch/Philipp, a. a. O., (Fn. 25), § 7, Rn. 28.
168 Paetow, a. a. O., (Fn. 88), 321 (323); Gaentzsch/Philipp, a. a. O., (Fn. 25), § 7, Rn. 28.
169 Runkel, a. a. O., (Fn. 15), § 7, Rn. 21.

abhängig. Wenn die planerischen Belange des Vorhabens des anderen öffentlichen Planungsträgers die städtebaulichen Belange, wie sie insbesondere in dem gesamträumlichen Bodennutzungskonzept des Flächennutzungsplans zum Ausdruck gebracht werden, nicht nur unwesentlich überwiegen, ist der nachträgliche Widerspruch bereits zulässig. Es kommt also nicht wie bei § 7 Satz 1 BauGB[170] auf die Abwägung der abweichenden Planung des öffentlichen Planungsträgers an.[171] Die Abwägung nach § 7 Satz 5 BauGB ist gegenüber derjenigen nach § 7 Satz 1 BauGB vorgelagert.[172]

Schwierigkeiten ergeben sich außerdem bei der Beantwortung der Frage, wann die Belange des anderen öffentlichen Planungsträgers die städtebaulichen Belange der Gemeinde „nicht nur unwesentlich überwiegen".[173] „Nicht nur unwesentlich überwiegen" ist mehr als nur „überwiegen". Gleichgewichtigkeit ist also nicht ausreichend. Praktisch ist dies mit erheblichen Problemen verbunden, weil weder eine Messbarkeit noch eine Vergleichbarkeit von planungsrelevanten Belangen generell möglich und auch fachlich in weiten Teilen nicht ableitbar ist.[174] Vor diesem Hintergrund ist nach herrschender Meinung von einem „nicht nur unwesentlichen Überwiegen" dann auszugehen, wenn im konkreten Fall eindeutig und deutlich, also zweifelsfrei die Belange des anderen öffentlichen Planungsträgers gewichtiger sind.[175] Nicht erforderlich ist es allerdings, dass die Belange des anderen öffentlichen Planungsträgers die städtebaulichen Belange wesentlich überwiegen.

Liegt umgekehrt ein nicht nur unwesentliches Überwiegen der planerischen Belange des anderen öffentlichen Planungsträgers vor, darf dieser von den Darstellungen des Flächennutzungsplans abweichen. Die Gemeinde ist dann gemäß § 1 Abs. 3 BauGB dazu verpflichtet, den Flächennutzungsplan zu ändern. Nimmt sie diese Verpflichtung zur Änderung des Flächennutzungsplans

---

170 Vgl. oben 5.1.

171 Darauf weisen Gaentzsch/Philipp, a. a. O., (Fn. 25), § 7 Rn. 27 sowie Runkel, a. a. O., (Fn. 15), § 7 Rn. 20 zu Recht hin.

172 Gierke, a. a. O., (Fn. 2), § 7 Rn. 158.

173 Hierzu: Vgl. VGH Mannheim, Beschl. v. 17.6.2011 – 5 S 2757.10, BeckRS 52612.

174 Zu Recht: Kraft, a. a. O., (Fn. 4), 829 (833).

175 Mitschang, a. a. O., (Fn. 29), § 7 Rn. 18; Gaentzsch/Philipp, a. a. O., (Fn. 25), § 7 Rn. 28; Runkel, a. a. O., (Fn. 15), § 7 Rn. 20; Kraft, a. a. O., (Fn. 4), 829 (833).

nicht wahr, wird der Flächennutzungsplan oder ein aus ihm entwickelter Bebauungsplan funktionslos, jedenfalls soweit seine Darstellungen im Widerspruch zur abweichenden Planung des anderen öffentlichen Planungsträgers stehen.

Aus § 7 Satz 5 BauGB lässt sich nicht entnehmen, wer die Entscheidung trifft, ob nun die fachlichen Belange der Planung des anderen öffentlichen Planungsträgers die städtebaulichen Belange nicht nur unwesentlich überwiegen. Zuständig hierfür ist die Gemeinde. Dies ergibt sich aus dem Sachzusammenhang mit § 7 Satz 3 und 4 BauGB. Es geht dabei darum zu prüfen, ob die Entscheidung, trotz veränderter Sachlage an den Darstellungen des Flächennutzungsplans festzuhalten, sachgerecht war.[176]

7.3 Aufwendungsersatz und Kostenerstattung

Überwiegen die fachplanerischen Belange nach § 7 Satz 4 BauGB nicht nur unwesentlich, wird einerseits der andere öffentliche Planungsträger von der Bindung an die Darstellungen des Flächennutzungsplans freigestellt. Soweit es dann zu einer abweichenden Planung des anderen öffentlichen Planungsträgers und insoweit zu einer Änderung oder Ergänzung eines Flächennutzungsplans oder zu einer Ergänzung, Änderung oder Aufhebung eines daraus entwickelten Bebauungsplans tatsächlich kommt, hat der andere öffentliche Planungsträger nach § 7 Satz 6 Halbsatz 1 BauGB die der Gemeinde anfallenden Aufwendungen und Kosten § 37 Abs. 3 BauGB entsprechend zu ersetzen. Seine primär inhaltliche Bindung wandelt sich in eine sekundär finanzielle Verantwortung.[177] Soweit es sich um Bebauungspläne handelt, werden hier solche Planungen erfasst, in denen ein anderer öffentlicher Planungsträger einer nicht im Sinne von § 38 BauGB privilegierten Planung von den Darstellungen des Flächennutzungsplans abweicht oder abweichen möchte.[178] § 37 Abs. 3 Satz 1 BauGB regelt den Aufwendungsersatz in Bezug auf Entschädigungen, wenn etwa eine Gemeinde durch die Änderung, Ergänzung oder Aufhebung von Bebauungsplänen Aufwendungen

176 Gaentzsch/Philipp, a. a. O., (Fn. 25), § 7 Rn. 28; Kraft, a. a. O., (Fn. 27), § 7 Rn. 27; Kümper, a. a. O., (Fn. 36), 9 (16).

177 So Kraft, a. a. O., (Fn. 27), § 7, Rn. 28.

178 Runkel, a. a. O., (Fn. 15), § 7, Rn. 22; Gaentzsch/Philipp, a. a. O., (Fn. 25), § 7, Rn. 30.

in Bezug auf einen Planungsschaden hat. Hierbei ist zu berücksichtigen, dass Änderungen oder Ergänzungen des Flächennutzungsplans regelmäßig keinen Planungsschaden begründen können, es sei denn die Gemeinde hat vom Planvorbehalt nach § 35 Abs. 3 Satz 3 BauGB[179] Gebrauch gemacht.[180]

Der Entschädigungsanspruch der Gemeinde bei notwendigen Planänderungen auf Grund privilegierter Planfeststellungen nach § 38 Satz 3 BauGB bleibt insoweit bestehen. Dies stellt § 7 Satz 6 Halbsatz 2 BauGB klar.

§ 7 Satz 6 BauGB findet nur Anwendung bei abweichender Planung aufgrund von Veränderungen der Sachlage und damit nicht beim Widerspruch nach § 7 Satz 1 BauGB.[181] Die Gemeinde muss sich in diesen Fällen vielmehr auf Planänderungen einstellen. Um von dem in § 7 Satz 6 BauGB angelegten Kostenerstattungsanspruch Gebrauch machen zu können, reicht es allerdings auch schon aus, dass Einvernehmen im Rahmen des Einigungsversuchs nach § 7 Satz 3 BauGB stattgefunden hat. Das Einlegen eines förmlichen Widerspruchs ist insoweit nicht erforderlich.[182]

7.4 Rechtsschutzfragen

Hinsichtlich des Rechtsschutzes ist bezüglich verschiedener möglicher Fallgestaltungen zu differenzieren.[183] Dabei ist zu berücksichtigen, dass es sich sowohl beim Widerspruch nach § 7 Satz 1 BauGB als auch beim nachträglichen Widerspruch nach § 7 Satz 4 BauGB nicht um Verwaltungsakte handelt. Hält damit die Gemeinde einen Widerspruch des anderen öffentlichen Planungsträgers für nicht gerechtfertigt, kann sie ihn nicht isoliert anfechten, sondern muss Rechtsmittel gegen die jeweilige Planungsentscheidung einlegen.[184]

Die Anpassungspflicht ist der planerischen Abwägung des anderen öffentlichen Planungsträgers vorgelagert. Wird sie durch einen anderen öffentlichen Planungsträger im Rahmen seiner Planung nicht beachtet, stellt

---

179 Etwa bei der Darstellung von Konzentrationszonen für die Windenergie.
180 Runkel, a. a. O., (Fn. 15), § 7, Rn. 22.
181 Gierke, a. a. O., (Fn. 2), § 7, Rn. 169; Runkel, a. a. O., (Fn. 15), § 7, Rn. 22.
182 Gaentzsch/Philipp, a. a. O., (Fn. 25), § 7, Rn. 31; Gierke, a. a. O., (Fn. 2), § 7, Rn. 170.
183 Im Einzelnen auch: Kümper, a. a. O., (Fn. 36), 9 (14 f.).
184 Kümper, a. a. O., (Fn. 36), 9 (14 f.).

dies eine Verletzung der kommunalen Planungshoheit dar. Sie ist durch § 7 Satz 1 BauGB geschützt. Die Gemeinde kann mittels einer Normenkontrollklage oder durch Anfechtungs- oder Verpflichtungsklage gegen die dann rechtswidrige Planung oder Genehmigung des anderen öffentlichen Planungsträgers vorgehen.[185] Die Planung ist rechtswidrig, das Vorhaben nicht vollziehbar.[186] Da es sich weder bei dem ursprünglichen noch bei dem nachträglichen Widerspruch um einen Verwaltungsakt handelt, kann die Gemeinde im Rahmen der jeweiligen Verfahren geltend machen, dass die Voraussetzungen für den Widerspruch nicht vorliegen.[187]

Daneben erfasst § 7 Satz 1 BauGB aber auch den objektiven Belang der geordneten städtebaulichen Entwicklung und wirkt deshalb auch im Sinne eines öffentlichen Belanges. Dritte, also Bürger oder andere öffentliche Planungsträger, können sich auf eine Verletzung der Anpassungspflicht im Rahmen der Beteiligung an einer Planung oder Nutzungsregelung zwar nicht berufen, außer sie sind in ihren eigenen Rechten, etwa bei enteignender Vorwirkung[188] eines Planfeststellungsbeschlusses[189] oder bei Eingriffen in Eigentumsrechte, betroffen.[190] Dies ist nur dann der Fall, wenn das Abwägungsgebot ihnen gegenüber verletzt worden ist.[191]

Weicht der andere öffentliche Planungsträger von seiner Planung ab und hat einen Einigungsversuch mit der Gemeinde nicht vorgenommen, leidet seine Planung unter einem Mangel, der diese Planung fehlerhaft macht. Der

185 Vgl. BVerwG, a. a. O., (Fn 31), NVwZ 2011, 680, Rn. 33 und 38; Mitschang, a. a. O., (Fn. 29), § 7, Rn. 6. Schrödter, a. a. O., (Fn. 30), § 7, Rn. 14; Gierke, a. a. O., (Fn. 2), § 7, Rn. 108; Runkel, a. a. O., (Fn. 15), § 7, Rn. 23.

186 BVerwG, a. a. O., (Fn. 31), NVwZ 2011, 680 Rn. 79; OVG Lüneburg, a. a. O., (Fn. 72), BeckRS 2012, 45862.

187 Runkel, a. a. O., (Fn. 15), § 7, Rn. 23.

188 Der Kläger kann insoweit geltend machen, dass der Beschluss dem öffentlichen Belang einer geordneten städtebaulichen Entwicklung und damit dem Wohl der Allgemeinheit zuwiderläuft.

189 Vgl. BVerwG, Urt. v. 12.08.2009 – 9 A 64.07 – BVerwGE 134, 308, Rn. 24 sowie dass., Urt. v. 26.09.2013 – 4 VR 1.13 – BeckRS 2013, 57358, Rn. 19; Storost, DVBl. 2012, 457 (461).

190 BVerwG, a. a. O., (Fn. 31), NVwZ 2011, 680, Rn. 23 ff.

191 Runkel, a. a. O., (Fn. 15), § 7 Rn. 13; Gierke, a. a. O., (Fn. 2), § 7, Rn. 109; Storost, a. a. O., (Fn. 4), 457 (461).

nachträgliche Widerspruch bleibt ohne Wirkung, mit der Folge, dass die Bindung an den Flächennutzungsplan dann bestehen bleibt.[192]

Erteilt eine Genehmigungsbehörde aufgrund eines Widerspruches eines anderen öffentlichen Planungsträgers keine Genehmigung für den Flächennutzungsplan oder möchte bestimmte Teile von der Genehmigung ausnehmen, kann die Gemeinde auf der Grundlage einer Verpflichtungsklage prüfen lassen, inwieweit die Genehmigungsbehörde rechtmäßig über die Abwägungsentscheidung der Gemeinde entschieden hat.[193]

Schließlich kann die Gemeinde noch in der Form der Leistungsklage ihren Anspruch auf Aufwendungs- und Kostenersatz geltend machen.[194]

7.5 Überleitungsrecht

Eine spezielle Überleitungsvorschrift existiert in Bezug auf § 7 BauGB nicht. Insoweit ist die allgemeine Bestimmung in § 233 Abs. 1 BauGB maßgeblich.

Mit dem Inkrafttreten des BauROG 1998 ist § 7 Satz 2 BauGB eingeführt worden, mit der Folge, dass diese Vorschrift erst auf solche Flächennutzungspläne anzuwenden ist, deren Planverfahren nach dem 1. Januar 1998 eingeleitet worden sind.[195]

§ 7 Satz 3 bis 6 BauGB gehen auf die BauGB-Novelle 1986 zurück, so dass in Ermangelung einer dort verankerten Überleitungsvorschrift die Sätze 3 bis 5 seit dem 1. Juli 1987 auf alle Flächennutzungspläne anwendbar sind, von denen ein anderer öffentlicher Planungsträger abweichen möchte. Die Kostenerstattungspflicht gilt ebenfalls seit dem 1. Juli 1987 und ist unabhängig vom Zeitpunkt der Aufstellung des Flächennutzungsplans anwendbar.[196]

---

192 Gierke, a. a. O., (Fn. 2), § 7, Rn. 154.
193 Runkel, a. a. O., (Fn. 15), § 7, Rn. 23.
194 Ebenda, § 7, Rn. 23.
195 Gierke, a. a. O., (Fn. 2), § 7, Rn. 174.
196 Gaentzsch/Philipp, a. a. O., (Fn. 25), § 7, Rn. 32.

Michael Bongartz

Praxisbezogene Fragestellungen im Schnittfeld von Bauleitplanung, Planfeststellung und Plangenehmigung aus regionalplanerischer Sicht

Abstract: Der nachfolgende Beitrag widmet sich der Fragestellung, in welcher Form zwischen Regionalplanung, Bauleitplanung und den raumbezogenen Fachplanungen Schnittstellen bestehen.

The following article revolves around the question, in what form regional planning at the one hand and urban land-use planning or rather the spatially relevant sectoral planning on the other hand are connected to each other.

Im Rahmen des Themas der Wissenschaftlichen Fachtagung „Praxisbezogene Fragestellungen im Schnittfeld von Bauleitplanung, Planfeststellung und Plangenehmigung“ widmet sich der nachfolgende Beitrag der Fragestellung, in welcher Form zwischen Regionalplanung, Bauleitplanung und raumbezogenen Fachplanungen Schnittstellen entstehen.

1 Formale Beachtenspflicht der Ziele der Raumordnung

Gemäß § 4 Raumordnungsgesetz (ROG)[1] sind die Ziele der Raumordnung bei raumbedeutsamen Planungen und Maßnahmen öffentlicher Stellen, Entscheidungen öffentlicher Stellen über die Zulässigkeit raumbedeutsamer Planungen und Maßnahmen anderer öffentlicher Stellen sowie bei Entscheidungen öffentlicher Stellen über die Zulässigkeit raumbedeutsamer Planungen und Maßnahmen von Personen des Privatrechts, die der Planfeststellung oder der Genehmigung mit der Rechtswirkung der Planfeststellung bedürfen, zu beachten.

Grundsätze und sonstige Erfordernisse der Raumordnung sind in Abwägungs- oder Ermessensentscheidungen zu berücksichtigen. Diese gilt auch für

1 Raumordnungsgesetz vom 22. Dezember 2008 (BGBl. I S. 2986), zuletzt geändert durch Artikel 124 der Verordnung vom 31. August 2015 (BGBl. I S. 1474).

raumbedeutsame Planungen und Maßnahmen, die Personen des Privatrechts in Wahrnehmung öffentlicher Aufgaben durchführen, wenn öffentliche Stellen an den Personen mehrheitlich beteiligt sind oder die Planungen und Maßnahmen überwiegend mit öffentlichen Mitteln finanziert werden. Weitergehende Bindungswirkungen von Erfordernissen der Raumordnung nach Maßgabe der für diese Entscheidungen geltenden Vorschriften bleiben unberührt.

Die inhaltliche Beziehung zwischen der Regionalplanung und der Bauleitplanung ist im Baugesetzbuch normiert. Gemäß § 1 Abs. 4 BauGB[2] sind die Bauleitpläne an die Ziele der Raumordnung anzupassen. Diese bundesgesetzliche Norm gilt für alle Bundesländer und Kommunen gleichermaßen. Die jeweiligen Bundesländer haben in Ausfüllung des durch das Raumordnungsgesetz gegebenen Spielraums eigene landesrechtliche Regelungen geschaffen. So ist in § 34 des Landesplanungsgesetzes für das Bundesland Nordrhein-Westfalen (LPlG NRW)[3] geregelt, dass die Kommune zu Beginn ihrer planerischen Überlegungen bei der Regionalplanungsbehörde anzufragen haben, ob die in Aussicht genommene Planung mit den Zielen der Raumordnung in Einklang steht. Diese geschieht bei der Neuaufstellung oder Änderung von Flächennutzungsplänen oder bei der Aufstellung eines nicht aus dem Flächennutzungsplan entwickelten Bebauungsplanes. Ist ein Zielverstoß erkennbar, kann die Regionalplanungsbehörde die Planung versagen.

---

2 Baugesetzbuch in der Fassung der Bekanntmachung vom 23. September 2004 (BGBl. I S. 2414),zuletzt geändert durch Artikel 6 des Gesetzes vom 20. Oktober 2015 (BGBl. I S. 1722)

3 Landesplanungsgesetz (LPlG) GV. NRW. S. 430; in Kraft getreten am 7. Mai 2005; geändert durch Artikel 1 des Gesetzes zur Übertragung der Regionalplanung für die Metropole Ruhr auf den Regionalverband Ruhr vom 5. Juni 2007 (GV. NRW. S. 212), in Kraft getreten am 21. Oktober 2009; Artikel 7 des Gesetzes über die Zusammenlegung der allgemeinen Kommunalwahlen mit den Europawahlen vom 24. Juni 2008 (GV. NRW. S. 514), in Kraft getreten am 16. Juli 2008; Artikel 1 des Gesetzes vom 16. März 2010 (GV. NRW. S. 212), in Kraft getreten am 8. April 2010; Artikel 2 des Gesetzes vom 29. Januar 2013 (GV. NRW. S. 33), in Kraft getreten am 7. Februar 2013; Gesetz vom 8. Dezember 2015 (GV. NRW. S. 838), in Kraft getreten am 19. Dezember 2015; Gesetz vom 24. Mai 2016 (GV. NRW. S. 259), in Kraft getreten am 4. Juni 2016; Artikel 2 des Gesetzes vom 25. Oktober 2016 (GV. NRW. S. 868), in Kraft getreten am 5. November 2016.

Neben der Beteiligung an den Bauleitplänen wird die Regionalplanungsbehörde auch an fachrechtlichen Verfahren mit Raumbezug beteiligt. Die Beteiligung soll sicherstellen, dass auch bei fachrechtlichen Zulassungs- oder Genehmigungsverfahren die Ziele der Raumordnung beachtet werden. Die rechtliche Verpflichtung hierzu befindet sich mittelbar in den Fachgesetzen, in denen über sogenannte „Raumordnungsklauseln" geregelt ist, dass *„…die Ziele der Raumordnung zu beachten, Grundsätze oder Erfordernisse der Raumordnung zu berücksichtigen sind…"*. Diese Raumordnungsklauseln finden sich in Fachgesetzen, die Vorhaben mit Raumbezug zum Regelungsgegenstand haben (z. B. Wasserhaushaltsgesetz, Kreislaufwirtschaftsgesetz, Landschaftsgesetz etc.). Diese befinden sich sowohl in bundesrechtlichen als auch in landesrechtlichen Fachgesetzen.

Eine bundesgesetzliche Besonderheit spielt hier das Bundesberggesetz, dass in § 48 Abs. 2 BbergG[4] regelt, dass unbeschadet anderer öffentlich-rechtlicher Vorschriften, die für die Zulassung von Betriebsplänen zuständige Behörde eine Aufsuchung oder eine Gewinnung von Bodenschätzen beschränken oder untersagen, soweit ihr überwiegende öffentliche Interessen entgegenstehen. Der einschlägigen Kommentierung zufolge ist hierbei die Regionalplanung als überwiegendes öffentliches Interesse anzusehen[5].

2 Zielkongruenz/ Zielverstoß

Bei der Beteiligung der Regionalplanungsbehörde an Verfahren der Bauleitplanung sind drei Fallgruppen zu unterscheiden, die unterschiedliche Handlungserfordernisse generieren.

2.1 Kongruenz des Vorhabens mit den Zielen der Raumordnung

Bei **Übereinstimmung des Vorhabens mit den Zielen der Raumordnung** kann die Regionalplanungsbehörde die Zustimmung zur Änderung der Bauleitplanung erteilen. Damit können nachfolgende Verfahren weitergeführt und die Voraussetzungen für die Realisierung des Vorhabens geschaffen werden.

---

4 Bundesberggesetz (BBergG); vom 13. August 1980; (BGBl. I S. 1310).

5 siehe hierzu Gerhard Boldt, Herbert Weller, 1992, zu § 48 Abs. 2 BBergG.

2.2 Verstoß gegen die Ziele der Raumordnung

Bei einem **Verstoß gegen die Ziele der Raumordnung kann die Regionalplanungsbehörde das Vorhaben untersagen**, wenn das Vorhaben nicht mit den Zielen der Raumordnung in Einklang zu bringen ist bzw. es der räumlichen Nutzungsstruktur entgegensteht oder die erwünschte räumliche Entwicklung in Frage stellt. Nachfolgende Verfahren können nicht begonnen/weitergeführt werden, da die Voraussetzungen für die Realisierung des Vorhabens rechtlich nicht geschaffen werden können.

2.3 Änderung der Ziele der Raumordnung

Bei einem Verstoß gegen die Ziele der Raumordnung kann die Regionalplanungsbehörde die **Ziele der Regionalplanung ändern**, wenn ein Zielverstoß erkennbar ist, das Vorhaben aber für die räumliche Entwicklung von Bedeutung oder aus sonstigen fachlichen Erwägungen realisiert werden soll und ein Planänderungserfordernis begründet werden kann (Planrechtfertigung).

Erforderlich wird ein formales Änderungsverfahren, das in den jeweiligen Ländergesetzen unterschiedlich geregelt ist. Manche Bundesländer haben auch Raumordnungsverfahren für solche Fallkonstellationen vor. Mit Inkrafttreten der Änderung des Regionalplanes bzw. nach Abschluss des Raumordnungsverfahrens können nachfolgende Verfahren weitergeführt und damit die Voraussetzungen für die Realisierung des Vorhabens geschaffen.

Abb. 1

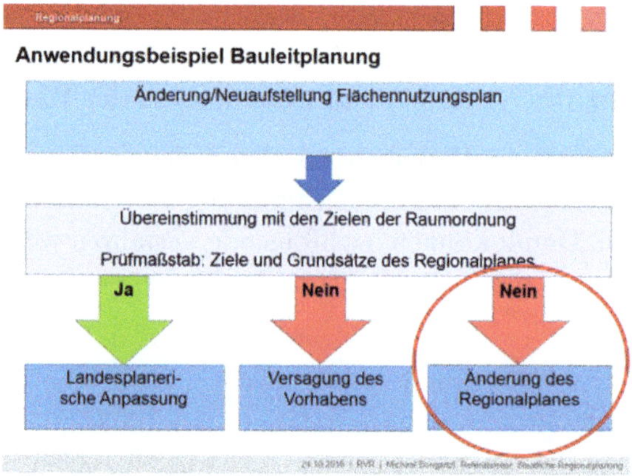

Quelle: Eigene Darstellung

In ähnlicher Weise verhält es sich bei fachrechtlichen Zulassungs- oder Genehmigungsverfahren. Jedoch gilt dabei eine Einschränkung.

Der Bundesgesetzgeber hat bei raumbedeutsamen Planungen und Maßnahmen öffentlicher Stellen des Bundes, der Stellen, die im Auftrag des Bundes tätig sind, sowie von Personen des Privatrechts, die für den Bund öffentliche Aufgaben durchführen, die Bindungswirkung der Ziele der Raumordnung eingeschränkt. Sie gilt nur insofern, als die zuständigen Stellen oder Personen bei der Aufstellung des Raumordnungsplans nach § 10 ROG beteiligt worden sind und sie innerhalb einer Frist von zwei Monaten nach Mitteilung des rechtsverbindlichen Ziels nicht widersprochen haben.

Die Bindungspflicht an die Ziele der Raumordnung entsteht auch dann nicht, wenn die Stelle oder Person darlegt, dass das ihre Belange berührende Ziel der Raumordnung auf einer fehlerhaften Abwägung beruht oder sie ihre raumbedeutsamen Planungen und Maßnahmen nicht auf anderen geeigneten Flächen durchführen kann als auf denen, für die ein entgegenstehendes Ziel im Raumordnungsplan festgelegt wurde.

Abb. 2

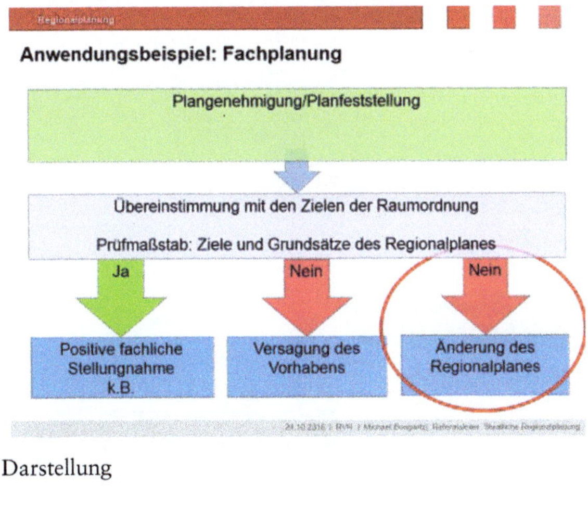

Quelle: Eigene Darstellung

Im Rahmen des Beitrags zur wissenschaftlichen Fachtagung soll näher auf die dritte Verfahrenssäule eingegangen werden, da sich hier die Beziehung zwischen den unterschiedlichen Verfahren, Verfahrensinhalten, Verfahrensebenen und deren Verschränkung praxisbezogen verdeutlichen lässt.

3 Beziehung der Verfahren zur Änderung des Regionalplanes mit den der Bauleitplanung/fachrechtlicher Zulassungs- oder Genehmigungsverfahren

In aller Regel werden die Verfahren in zeitlich nacheinander ablaufender Abfolge durchgeführt.

Abb. 3

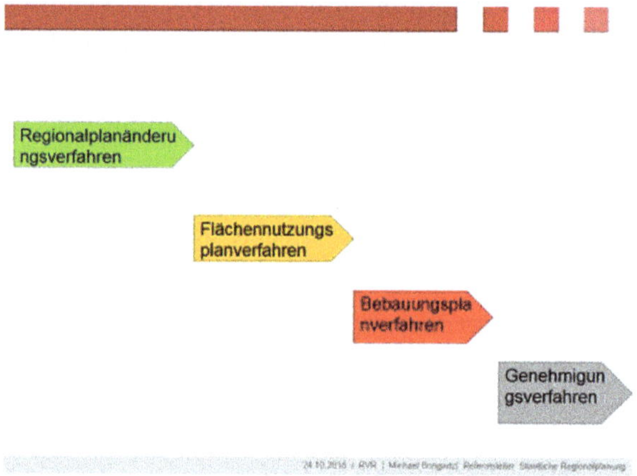

Quelle: Eigene Darstellung

Abb. 4

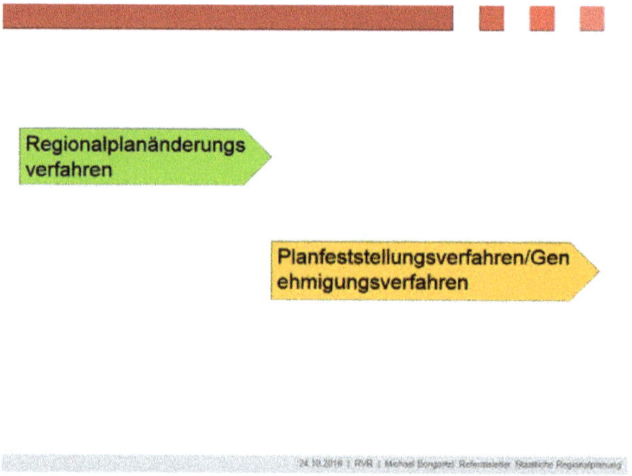

Quelle: Eigene Darstellung

Sofern mehrere Verfahren erforderlich werden, empfiehlt es sich, nicht den Anschluss der vorlaufenden Verfahren abwarten, sondern diese parallel vorzubereiten und die anstehenden Verfahrensschritte -soweit möglich- zeitgleich einzuleiten. Die parallele Verfahrensführung und der damit verbunden inhaltliche Austausch der Planungs- und Fachbehörden bieten dabei inhaltliche und zeitliche Vorteile.

Die (europa-)rechtlichen Anforderungen oder höchstrichterlichen Entscheidungen lassen eine immer detailliertere Auseinandersetzung mit fachplanerischen Fragestellungen /Inhalten bereits auf der Ebene der übergeordneten Regionalplanung notwendig werden. Damit sieht sich die Regionalplanungsbehörde mit der Frage konfrontiert, auf welche Weise sie an diese erforderlichen Detailinformationen kommen kann. In der Regel wird sie dem Vorhabenträger vorgeben, diese für die planerische Beurteilung notwendigen Details nachzuliefern. Gleiche Informationsgrundlagen werden in aller Regel auch für die zeitlich nachfolgenden Bauleitplanverfahren bzw. fachrechtlichen Zulassungs- oder Genehmigungsverfahren für eine qualifizierte Abwägung erstellt. Bei parallel laufenden Regionalplanänderungsverfahren und Bauleitplanverfahren bzw. Fachverfahren ermöglicht das zeitgleiche Vorgehen und die damit verbundene Verfügbarkeit detaillierter Verfahrensunterlagen den Regionalplanungsbehörden eine tiefere inhaltliche Prüfung und damit eine intensivere Auseinandersetzung mit den räumlichen Auswirkungen des Vorhabens. Auf diese Weise lässt sich die planerische Abwägung auf eine breitere Basis stellen.

Die im Rahmen eines Regionalplanänderungsverfahrens gefundenen Ergebnisse oder Konfliktlösungsvereinbarungen des Meinungsausgleichsprozesses können auch in Form von textlichen Zielen fixiert werden. Sofern diese in Form von Zielen der Raumordnung definiert worden sind, werden diese im Verfahren abschließend vom Träger der Regionalplanung politisch beschlossen. Auf diese Weise können Konfliktlösungsergebnisse des Planverfahrens als politisch legitimierte (vom Regionalrat beschlossen) Ergebnisse fixiert werden, die von den nachgeordneten Planungsträgern zu beachten sind. Die verbindliche Festlegung der Konfliktlösungsergebnisse in Form textlicher Zielvorgaben trägt dazu bei, dass diese Inhalte in den nachfolgenden Verfahren von den nicht erneut zur Disposition gestellt bzw. in diesen Verfahren nicht erneut ausgehandelt werden müssen. Damit lassen sich zeitintensivere Diskussionen vermeiden. Standortentscheidungen/-begründungen und sonstige raumbezogenen Fragen lassen sich bereits auf der Planungsebene der Regionalplanung abschließend klären.

Der Verfasser war an zwei bergrechtlichen Verfahren beteiligt, bei denen ein Verfahren ohne vorherige Regionalplanänderung und das andere mit parallel laufender Regionalplanänderung durchgeführt worden sind. Während in dem ersten Fall alle anstehenden Planungsfragen und fachlichen Konflikte in dem bergrechtlichen Verfahren zu klären waren, konnten im zweiten wesentliche Raumnutzungskonflikte schon im Regionalplanänderungsverfahren gelöst werden. Dabei hat sich insbesondere die im Fall zuvor skizzierte Möglichkeit besonders bewährt, über die Regionalplanung verbindliche Ziele vorzugeben, die in den nachfolgenden bergrechtlichen Verfahren als Vorgaben übernommen werden mussten. Während im ersten bergrechtlichen Verfahren für den Erörterungstermin 52 Verhandlungstage notwendig wurden, reichten im zweiten Fall allein zwei. Selbst wenn die Komplexität beider Verfahren nicht in Gänze zu vergleichen war, kann dennoch festgestellt werden, dass auf diese Weise ein deutlicher Zeitgewinn und eine Entfrachtung bzw. Straffung des Verfahrens erreicht werden konnte.

Eine weitere zeitliche Straffung kann bei parallel laufenden Verfahren durch die Zusammenlegung der Scopingtermine erreicht werden. In der Regel sind, sofern der Untersuchungsumfang der UVU nicht durch ein schriftliches Umlaufverfahrens abgestimmt wird, Abstimmungstermine mit zahlreichen Fachvertretern erforderlich. In der Regel wird mindestens ein Termin pro Verfahren erforderlich. Die Durchführung eines gemeinsamen Scopingtermines bei parallel laufenden Verfahren erspart den Behörden die Vorbereitung und Durchführung mehrerer Termine mit nahezu den gleichen Behördenvertretern.

Ein vorlaufendes Änderungsverfahren eines Regionalplanes hat insbesondere im Hinblick auf die notwendige Alternativenprüfung große Vorteile. Der Betrachtungsraum eines Regionalplanes ist in aller Regel ungleich umfassender als der eines Bauleitplanverfahrens oder eines fachrechtlichen Genehmigungs- oder Zulassungsverfahrens. Innerhalb des deutlich größeren Prüfraumes lassen sich deutlich mehr Standortalternativen ausmachen. Auf diese Weise kann im Rahmen der planerischen Abwägung der bestmögliche Standort ermittelt und durch die Regionalplanung vor dem Zugriff durch konkurrierende Nutzungen gesichert werden.

Helmut Petz

Rechtsschutz gegen Ziele der Raumordnung – Auswirkungen des Urteils des BVerwG vom 16.04.2015 – 4 CN 6.14 –

Abstract: Der nachfolgende Beitrag widmet sich thesenhaft dem Rechtsschutz gegenüber den festgelegten Zielen in Raumordnungsplänen.

The following article dels with the legal protection to the goals of spatial planning which constitute the most important tool for enforcing supra-local interests in the form of definitive spatial and substantive designations by state or regional planning authorities.

1 Sachverhalt

Rechtstreit:
Normenkontrolle (NK) gegen Plansatz (Z) „Regionale Grünzüge" im Regionalplan Stuttgart:

> *„Die in der Raumnutzungskarte festgelegten Regionalen Grünzüge sind Vorranggebiete für den Freiraumschutz mit dem Ziel der Erhaltung und Verbesserung des Freiraumes und der Sicherung des großräumigen Freiraumzusammenhangs. ... Sie dürfen keiner weiteren Belastung, insbesondere durch Bebauung, ausgesetzt werden; funktionswidrige Nutzungen sind ausgeschlossen ... (Ausnahmeregelungen für standortgebundene technische Infrastruktur und privilegierte Vorhaben, insbesondere der Land- und Forstwirtschaft)."*

Antragsteller:
Eigentümer von Grundstücken im Außenbereich; wandte sich mit der **NK gegen den Plansatz**, soweit seine Grundstücke in Regionalen Grünzug einbezogen, **um „sich weiterhin alle Planungen offen zu halten"**

VGH Mannheim:
NK als unzulässig abgewiesen; Antragsteller nicht antragsbefugt:
mögliche Rechtsverletzung nicht in einer die Antragsbefugnis begründenden Weise geltend gemacht;

nicht dargetan, von dem Ziel in absehbarer Zukunft möglicherweise betroffen zu sein; eigene, wenigstens in Ansätzen konkretisierte Absichten zur raumbedeutsamen Nutzung seiner Grundstücke nicht geltend gemacht

2 Antragsbefugnis im NK-Verfahren

§ 47 Abs. 2 Satz 1 VwGO

> *„Den Antrag kann jede natürliche oder juristische Person stellen, die geltend macht, durch die Rechtsvorschrift oder deren Anwendung in ihren Rechten verletzt zu sein oder in absehbarer Zeit verletzt zu werden …"*

Voraussetzungen:
- schlüssige Darlegung einer **subjektiven Rechtsposition**
- **mögliche Verletzung** (Möglichkeitstheorie):

subjektive Rechtsposition:
- „zuvörderst das im Plangebiet befindliche **Grundeigentum**, dessen Inhalt und Schranken … unmittelbar und rechtssatzmäßig bestimmt und ausgestaltet werden" (arg. Art. 14 Abs. 1 Satz 2 GG; Inhalts- und Schrankenbestimmung des Eigentums vom Eigentümer nur hinzunehmen, wenn rechtmäßig; Rechtsverletzung für unmittelbar planbetroffene Grundeigentümer immer möglich, weil Norm rechtswidrig sein kann)
  - ⇨ unmittelbar normbetroffener Eigentümer kann immer geltend machen, in seinem Eigentum verletzt zu sein, weil Norm möglicherweise rechtswidrig
- bei **mittelbarer Betroffenheit**
  subjektives Recht auf fehlerfreie Abwägung, sofern Eigentümerinteressen abwägungsrelevant betroffen
  - ⇨ **Belang zu bezeichnen,** der für Abwägung beachtlich (insbesondere mehr als nur geringfügig betroffen)
    <u>hier:</u> **VGH ist von nur mittelbarer Eigentumsbetroffenheit ausgegangen**
    Antragsteller hat nicht geltend gemacht, dass er die Verwirklichung eines konkreten raumbedeutsamen Vorhabens beabsichtigt
    - ⇨ **keinen abwägungsbeachtlichen Belang bezeichnet**
    - ⇨ **nicht Verletzung einer subjektiven Rechtsposition geltend gemacht**

3 Rechtsverbindlichkeit von Zielen der Raumordnung

hier: **revisionsgerichtlich Überprüfung, ob Annahme VGH** (nur mittelbare Eigentumsbetroffenheit) **zutrifft**

Ziele der Raumordnung, § 3 Abs. 1 Nr. 2 ROG:

*„**verbindliche Vorgaben** in Form von räumlich und sachlich bestimmten oder bestimmbaren, vom Träger der RO abschließend abgewogenen (§ 7 Abs. 2 ROG) textlichen oder zeichnerischen Festlegungen in ROPl zur Entwicklung, Ordnung und Sicherung des Raums“*

⇨ *bereits **nach der Legaldefinition (rechts-) verbindlich;** aber **für wen**?*

3.1 unmittelbare Rechtsverbindlichkeit gegenüber Gemeinden und öffentlichen Stellen

- ***§ 1 Abs. 4 BauGB:** „Bauleitpläne sind den Zielen der RO anzupassen.“*
- ***§ 4 Abs. 1 Satz 1 ROG:** „Ziele der RO zu **beachten**“ bei*
  - *raumbedeutsamen **Planungen/Maßnahmen öffentlicher Stellen***
  - ***Entscheidungen öffentlicher Stellen** über Zulässigkeit raumbedeutsamer Planungen und Maßnahmen anderer öffentlicher Stellen*
  - ***Entscheidungen öffentlicher Stellen** über die Zulässigkeit raumbedeutsamer Planungen und Maßnahmen von Personen des Privatrechts, die der Planfeststellung unterliegen*

    ⇨ **unmittelbare Bindung von Gemeinden und öffentlichen Stellen**

3.2 gegenüber Bürgern: grundsätzlich nur mittelbare Rechtsverbindlichkeit

Rechtswirkungen der RO-Ziele auf Bürger werden **über § 1 Abs. 4 BauGB und § 4 Abs. 1 Satz 1 ROG vermittelt**

⇨ **grundsätzlich nur mittelbare Betroffenheit**

⇨ **keine unmittelbare Ausgestaltung der Eigentümerbefugnisse**

⇨ **nur Recht auf fehlerfreie Abwägung**

⇨ **Darlegung abwägungsrelevanter Belange erforderlich**

3.3 unmittelbare Rechtsverbindlichkeit gegenüber Bürgern aufgrund der RO-Klausel des § 35 Abs. 3 Satz 2 BauGB?

unmittelbare Rechtsbindung im System des § 35 Abs. 3 Satz 1 BauGB grundsätzlich nicht angelegt; Ausnahme in § 35 Abs. 3 Satz 2 BauGB?

BVerwG, Urteil vom 19.07.2001 – 4 C 4.00 – BVerwGE 115, 17:

- Vorinstanz:
  § 35 Abs. 3 Satz 3 Halbs. 1 BauGB 1987 (identisch mit **§ 35 Abs. 3 Satz 2 Halbs. 1 BauGB n. F.) = nach Wortlaut und systematischer Stellung „echte" RO-Klausel**, die Zielen der RO (in Abkehr von früherer Rechtslage) **strikte Rechtsverbindlichkeit gegenüber Bürgern** verleihe
- BVerwG: unrichtiges Verständnis der RO-Klausel

  1. Problem: hinreichende Konkretisierung der Ziele
     ⇨ Ziele der RO = „landesplanerische Letztentscheidungen" bedürfen auf landesplanerischer Ebene keiner Ergänzung;
     aber: im mehrstufigen **System räumlicher Gesamtplanung** ... tendenziell auf **weitere Konkretisierung** in den nachgeordneten Planungsebenen (Bauleitplanung) angelegt; **Zwischenschritt** der weiteren Konkretisierung **entfällt im Anwendungsbereich der RO-Klausel**
     ⇨ RO-Klausel erfordert **besondere inhaltliche Qualität und Bestimmtheit der Zielaussagen** (sachlich, räumlich, zeitlich)

2. Problem: Verhältnismäßigkeitsausgleich für Härtefälle
○ verfassungsrechtliche Bedenken gegen „echte" RO-Klausel:
  BVerfG (B. v. 02.03.1999 – 1 BvL 7/01 – BVerfGE 100, 226 DSch):
  - verfassungsrechtliches Gebot, **unverhältnismäßige Belastung** des Eigentümers **real zu vermeiden** und **Privatnützigkeit so weit wie möglich zu erhalten** im Bereich des § 35 BauGB:
    ○ bisher durch **„nachvollziehende Abwägung"** gewährleistet;
    ○ **möglicherweise verzichtbar, wenn Berücksichtigung privater Belange bereits bei der Zielfestlegung;** § 35 Abs. 3 Satz 2 BauGB nicht zu entnehmen; auch ROG a. F. lässt nicht erkennen, dass Eigentümerbelange abschließend abzuwägen

- zudem **verfahrensrechtliche Anforderungen** erforderlich, die **Abwägung der betroffenen Eigentümerbelange** ermöglichen
  im ROG a. F. ebenfalls nicht vorgesehen
  - **Lösung BVerwG:**
    „noch" keine Abkehr des Gesetzgebers vom bisherigen System zu erkennen; Verhältnismäßigkeitsausgleich weiterhindurch „nachvollziehende Abwägung; Ausgestaltung der Eigentümerbefugnisse unmittelbare erst durch außenverbindliche Entscheidung der Genehmigungsbehörde
    ⇨ **§ 35 Abs. 3 Satz 2 BauGB keine „echte" RO-Klausel;** (ausdrücklich offen gelassen für Rechtslage nach dem ROG 1998)

BVerwG, Urteil vom 16. April 2015 – 4 CN 6.14 –

§ 35 Abs. 3 Satz 2 BauGB n.F. nunmehr „echte RO-Klausel", die Zielfestlegungen **strikte Verbindlichkeit** verleiht; arg.

- **Wortlaut und Systematik:** lassen **keinen Raum für „nachvollziehende Abwägung**
- **verfassungsrechtliche Bedenken hat Gesetzgeber zwischenzeitlich ausgeräumt; arg.**
  - **§§ 10, 18 ROG: Beteiligungsverfahren**
  - **§ 9 ROG: Pflicht zur Umweltprüfung**
  - **§ 7 Abs. 2 ROG** 2009: Anordnung, **bei Festlegung von Zielen** der **RO private Belange „abschließend abzuwägen";** Ergebnis der **Umweltprüfung** und **Stellungnahmen** in den Beteiligungsverfahren **zu berücksichtigen**
    ⇨ **hinreichend deutliche „Signale des Gesetzgebers", dass Änderung der Rechtslage gewollt:**
    ⇨ **§ 35 Abs. 3 Satz 2 BauGB „echte" Raumordnungsklausel:** Zielfestlegung bewirkt, dass **raumbedeutsame Vorhaben,** die dazu im Widerspruch stehen, **ohne weiteres unzulässig** sind
    ⇨ **materiell-rechtlich: unmittelbare Ausgestaltung der Eigentümerbefugnisse** im Sinne des Art. 14 Abs. 1 Satz 2 GG
    ⇨ **prozessrechtlich: zielbetroffener Eigentümer** kann geltend machen, in seinem Eigentum verletzt zu sein, weil Zielfestlegung möglicherweise

rechtswidrig ist; deshalb **im NK-Verfahren ohne weiteres antragsbefugt**

Leitsatz:

Zur Begründung der Antragsbefugnis eines Antragstellers gemäß § 47 Abs. 2 Satz 1 VwGO genügt es, dass seine Grundstücke im räumlichen Geltungsbereich einer Zielfestlegung mit der Wirkung des § § 35 Abs. 3 Satz 2 Halbs. 1 BauGB liegen.

4 Konsequenzen für die Praxis

⇨ **erhebliche Ausweitung der gerichtlichen Überprüfung von RO-Plänen**

⇨ **etliche Pläne werden „auf der Strecke bleiben"**

⇨ **vor allen Dingen** aber eine ganze Menge von **Fragen:**

- was ist mit **Problem der hinreichenden Konkretisierung der Ziele** (etwa räumlich) als Voraussetzung für Anwendung Raumordnungsklausel?
- **gerichtsfeste Abwägung:** wie macht man es richtig?
  - **1. Schritt:** sich klar werden, was überhaupt mit **Verbindlichkeitsanspruch** geregelt werden soll und was nicht
  - **2. Schritt:** sich klar machen, dass Gesetzgeber – jedenfalls, soweit von Zielen der RO unmittelbare Rechtswirkungen ausgehen – in § 7 Abs. 2 ROG **Anforderungen** stellt **wie für Bebauungspläne**

    ⇨ **soweit unmittelbar rechtsverbindliche Zielwirkung** für Bürger gewollt: **Anforderungen an Eigentumsschutz/Abwägung einlösen**

Fazit: verbleibende **Diskrepanzen zwischen** gesetzlich gewünschter **Steuerungswirkung und den Leistungsgrenzen des Instruments**

Autorenverzeichnis

Prof. Dr. Christian-W. Otto, Technische Universität Berlin

Prof. Dr. Martin Beckmann, Baumeister Rechtsanwälte, Münster

Dipl.-Ing. Michael Isselmann, Leiter des Stadtplanungsamtes der Stadt Bonn

Prof. Dr. Wilhelm Söfker, Ministerialdirigent a. D., Bonn

Prof. Dr. Alexander Schink, Rechtsanwalt, Redeker Sellner Dahs, Bonn

Prof. Dr. Andreas Korbmacher, Richter am Bundesverwaltungsgericht, Leipzig

Prof. Dr. Olaf Reidt, Rechtsanwalt, Redeker Sellner Dahs, Berlin

Dr. Tim Schwarz, Senatsverwaltung für Stadtentwicklung und Umwelt, Berlin

Prof. Dr. Stephan Mitschang, Technische Universität Berlin

Dipl.-Ing. Michael Bongartz, Regionalverband Ruhr, Essen

Helmut Petz, Richter am Bundesverwaltungsgericht, Leipzig

Berliner Schriften zur Stadt- und Regionalplanung

Herausgegeben von Stephan Mitschang

Band	1	Stephan Mitschang (Hrsg.): Umweltprüfverfahren in der Stadt- und Regionalplanung. 2006.
Band	2	Stephan Mitschang (Hrsg.): Stadt- und Regionalplanung vor neuen Herausforderungen. 2007.
Band	3	Stephan Mitschang (Hrsg.): Flächennutzungsplanung – Aufgabenwandel und Perspektiven. 2007.
Band	4	Stephan Mitschang (Hrsg.): BauGB-Novelle 2007. Neue Anforderungen an städtebauliche Planungen und die Zulassung von Vorhaben. 2008.
Band	5	Stephan Mitschang (ed. / Hrsg.): Soil Protection Law in the EU. Bodenschutzrecht in der EU. 2008.
Band	6	Stephan Mitschang (Hrsg.): Innenentwicklung – Fach- und Rechtsfragen. 2008.
Band	7	Stephan Mitschang (Hrsg.): Klimaschutz und Energieeinsparung in der Stadt- und Regionalplanung. 2009.
Band	8	Stephan Mitschang (Hrsg.): Fach- und Rechtsprobleme der Baunutzungsverordnung. 2009.
Band	9	Stephan Mitschang (Hrsg.): Aktuelle Fach- und Rechtsfragen des Lärmschutzes. Bauleitplanung, Fachplanung und Zulassung von Bauvorhaben. 2010.
Band	10	Stephan Mitschang/Gerd Schmidt-Eichstaedt (Hrsg.): Die Umweltprüfung in der Regionalplanung. 2010.
Band	11	Ulrich Battis/Jens Kersten/Stephan Mitschang: Rechtsfragen der ökologischen Stadterneuerung. 2010.
Band	12	Stephan Mitschang (ed. / Hrsg): Energy Efficiency and Renewable Energies in Town Planning Law. Energieeffizienz und Erneuerbare Energien im Städtebaurecht. 2010.
Band	13	Stephan Mitschang (Hrsg.): Planen und Bauen im Außenbereich. 2010.
Band	14	Stephan Mitschang (Hrsg.): Aktuelle Fragestellungen des Städtebau- und Umweltrechts –Ansatzpunkte für eine BauGB- und BauNVO-Novelle. 2011.
Band	15	Tim Schwarz: Die Umweltprüfung in gestuften Planungsverfahren. Möglichkeiten und Grenzen der Koordination und Abschichtung im Rahmen der Umweltprüfung in der Raumordnung und der Bauleitplanung. 2011.
Band	16	Stephan Mitschang (ed. / Hrsg.): Urban Planning Law under EU-Influence. Städtebaurecht unter EU-Einfluss. 2011.
Band	17	Stephan Mitschang (Hrsg.): Bauen und Naturschutz. Aktuelle Fach- und Rechtsfragen nach dem Inkrafttreten des BNatSchG 2010. 2011.
Band	18	Stephan Mitschang (Hrsg.): Gerüche, Feinstaub und Gefahrstoffe in der Bauleitplanung und bei der Zulassung von Bauvorhaben. 2011.
Band	19	Stephan Mitschang (Hrsg.): Klimagerechte Stadtentwicklung – Die neuen Regelungen der BauGB-Novelle 2011. 2012.
Band	20	Stephan Mitschang (Hrsg.): Stärkung der Innenentwicklung – BauGB-Novelle 2012/13. 2013.

Band 21 Stephan Mitschang (Hrsg.): Windenergie – Ausbau und Repowering in der Stadt- und Regionalplanung. 2013.

Band 22 Stephan Mitschang (Hrsg.): Innenentwicklung – Fach- und Rechtsfragen der Umsetzung. 2014.

Band 23 Benjamin Heyn: Lärmschutz und Innenentwicklung. Ist der Lärmschutz notwendiges Korrektiv oder störendes Hemmnis für die Innenentwicklung? 2014.

Band 24 Stephan Mitschang (Hrsg.): Konfliktfelder und aktuelle Entwicklungen bei städtebaulichen Planungen. 2014.

Band 25 Stephan Mitschang (Hrsg.): Umbau im baulichen Bestand – Fach- und Rechtsfragen. 2015.

Band 26 Stephan Mitschang (ed./Hrsg.): Privatisation of Planning Powers and Urban Infrastructure / Privatisierung von Planung und städtischen Infrastrukturen. 2015.

Band 27 Stephan Mitschang (Hrsg.): Erneuerbare Energien und Netzausbau in der räumlichen Planung. 2015.

Band 28 Stephan Mitschang (Hrsg.): UPDATE: Aktuelle Anforderungen des Umweltschutzes in der Bauleitplanung. Fach- und Rechtsfragen der Stadt- und Regionalplanung. 2016.

Band 29 Stephan Mitschang (Hrsg.): Fach- und Rechtsfragen des Bebauungsplans. 2016.

Band 30 Stephan Mitschang (Hrsg.): Fach- und Rechtsfragen des Verfahrens und der Sicherung von Bauleitplänen. 2017.

Band 31 Stephan Mitschang (Hrsg.): Schnittfelder von Bauleitplanung und raumbezogenen Fachplanungen. Fach- und Rechtsfragen in der Planungspraxis. 2017.

www.peterlang.com

www.ingramcontent.com/pod-product-compliance
Ingram Content Group UK Ltd.
Pitfield, Milton Keynes, MK11 3LW, UK
UKHW021901290926
8980IPUK00015B/987

9 783631 726266